硅基锗材料生长与器件构筑

陈城钊　著

哈尔滨工程大学出版社
Harbin Engineering University Press

内 容 简 介

本书是一本硅基锗材料及其光电器件方面的入门书籍。全书分为三个部分，首先介绍了硅基锗材料生长及器件的基础知识；其次阐述了采用低温缓冲层技术外延生长硅基锗材料，锗的原位硼(B)和磷(P)掺杂；最后探讨了硅基锗 PN 结和 PIN 结构的基本物理特性，并给出相关特性的定性与定量分析。

本书可作为微电子专业的本科生及研究生的参考书，也可作为该领域工程技术人员的参考资料。

图书在版编目(CIP)数据

硅基锗材料生长与器件构筑/陈城钊著. —哈尔滨：
哈尔滨工程大学出版社，2020.4
ISBN 978 - 7 - 5661 - 2648 - 1

Ⅰ.①硅…　Ⅱ.①陈…　Ⅲ.①锗 – 硅基材料 – 纳米材料 – 半导体光电器件 – 结构　Ⅳ.①TN304.2 ②TN36

中国版本图书馆 CIP 数据核字(2020)第 058291 号

选题策划　张志雯
责任编辑　张志雯
封面设计　李海波

出版发行	哈尔滨工程大学出版社
社　　址	哈尔滨市南岗区南通大街 145 号
邮政编码	150001
发行电话	0451 – 82519328
传　　真	0451 – 82519699
经　　销	新华书店
印　　刷	北京中石油彩色印刷有限责任公司
开　　本	787 mm×960 mm　1/16
印　　张	6.75
字　　数	112 千字
版　　次	2020 年 4 月第 1 版
印　　次	2020 年 4 月第 1 次印刷
定　　价	46.00 元

http://www.hrbeupress.com
E-mail：heupress@ hrbeu. edu. cn

前　言

当前，硅基光电集成技术已日趋成熟，以硅衬底为基片，在同一芯片上集成光子有源器件和无源器件，理论上就能实现光信息高速传输，应用上也取得了可喜的进展。然而，硅(Si)是一种间接带隙半导体，由于其发光效率相对较低，通常认为不适合应用于高效的激光器、发光二极管等有源器件。锗(Ge)和硅同属于Ⅳ族半导体材料，通常被称为准直接带隙材料，且易发射和吸收光，还具有较高的载流子迁移率等优良的电学特性，因此在高速光电器件领域(如发光器件、光电探测器、光调制器以及高迁移率场效应晶体管等)得到广泛的研究和应用；以硅衬底为基片，将锗材料制备的光电子功能器件集成到一起，通过波导等进行光信号传输，就可以实现硅基光电子集成。这是当前材料科学和光电子领域中的一个极具挑战性的前沿研究领域，也成为在世界范围内备受关注的重大研究课题。

本书是笔者在硅基锗材料与器件领域多年研究的基础上完成的，比较系统地描述了材料的外延生长及表征，以及器件的工艺流程设计与制备及特性测试。全书共6章：第1章讲述了硅基锗材料生长与器件的基本知识；第2章介绍了采用低温相干锗岛缓冲层技术外延生长低位错密度锗材料；第3章探讨了锗的原位硼(B)和磷(P)掺杂；第4章介绍了镍(Ni)与n型锗材料金属半导体接触的热稳定性与电学特性；第5章探讨了硅基锗PN结和PIN结构的基本物理特性，并给出相关特性的定性与定量分析；第6章是总结与展望。

笔者感谢攻读博士学位所在的厦门大学物理系李成教授的研究小组在技术方面的支持，感谢广东省科技厅自然科学基金项目和广东省教育厅创新强校工程自然科学特色创新项目对本书出版的资助。

陈城钊

2019 年 12 月于韩园

致　　谢

感谢以下基金项目对本书出版的资助：

广东省科技厅自然科学基金项目"硅基绝缘体上锗（GOI）材料高速高灵敏度光电探测器的研究"（2016A030307038）；

广东省教育厅创新强校工程自然科学特色创新项目"用于 Si 基光电集成的 Ge 光电探测器的研制和性能改进"（2015KTSCX090）。

目　　录

第1章 绪　　论

1.1　研究背景和意义

众所周知,半导体硅(Si)材料是现代微电子工业的基础。一方面,随着微电子技术的迅猛发展,基于 Si 基材料的半导体微电子器件尺寸越来越小,现在以 32 nm 为特征线宽的深亚微米集成电路工艺已经进入了工业化阶段,传统的微电子学正面临着经典半导体理论的物理极限和技术极限带来的强烈挑战。另一方面,仅仅用电信号作为载体来进行信息传输和处理已不能满足当今信息技术对高速、大容量的迫切需求。人们期待着将光子代替电子作为信息的载体,与当今成熟的硅微电子工艺技术相结合,以实现 Si 基单片光电子集成,这是当前材料科学和微电子领域中的一个研究热点,也是极具挑战性的前沿研究领域,因而成为在世界范围内备受关注的重大研究课题。

锗(Ge)和 Si 同属于Ⅳ族半导体材料,Ge 的电子和空穴迁移率分别是 Si 的 2 倍和 4 倍,Ge 的禁带宽度比 Si 小,室温下约为 0.67 eV,在等比例降低电源电压、降低功耗方面具有更大的潜力;更重要的是,Ge 器件工艺与标准 Si 工艺兼容,使 Ge 材料成为未来制备高性能 MOS[①] 器件的重要备选材料之一[1-2]。此外,Ge 比 Si 具有更好的光电性质,如在 1.3 ~ 1.5 μm 通信波段具有高的吸收系数,可以用于制作红外光电探测器[3-5];由于 Ge 的直接带底与间接带底相差很小,仅约 136 meV,是准直接带隙材料,基于能带改性工程有望成为发光器件的增益介质[6-9];Ge 与砷化镓(GaAs)的晶格失配度仅 0.07%,因此 Ge 也可以作为 Si 衬底上外延生长Ⅲ - Ⅴ族半导体材料的过渡层[10-11]。然而,Ge 元素在地壳中含量非常少,价格昂贵,所以直接使用 Ge 衬底不合适。Si 基外延 Ge 材料

---

① MOS 即金属 - 氧化物 - 半导体。

不仅和 Ge 具有同样的性质,而且满足 Si 集成需要,因此 Si 基 Ge 材料生长及其微电子和光电子器件的研制引起人们浓厚的兴趣。

在 Si 衬底上外延生长高质量的 Ge 材料是制备高性能器件的前提条件。然而,在 Si 衬底上外延生长 Ge 材料的最大挑战是 Si 和 Ge 之间较大的晶格失配度,容易引起高表面粗糙度和高位错密度[12-13]。粗糙的表面将增加器件制作的工艺难度;高位错密度将增加器件漏电流,降低器件的性能。因此,降低表面粗糙度和减少位错密度成为外延生长高质量 Si 基 Ge 材料的关键。

笔者开展了 Si 基 Ge 光电子材料和器件的研究工作,采用低温缓冲层技术在超高真空化学气相沉积系统上生长了高质量 Ge 材料;在优化的生长温度下制备了原位磷(P)掺杂的 n 型锗(n-Ge)材料,并对 Ni/n-Ge 接触的热稳定性和电学性质进行研究。在此基础上研制了 Si 基 Ge 同质 PN 结二极管和 SOI 基 (Si+SiO$_2$+Si)Ge PIN 结构,为 Si 基光电子材料与器件的研究打下一定基础。

1.2   Si 基 Ge 外延生长的研究进展与存在的问题

材料的平衡生长模式有三种:Frank-van der Merwe 模式(FM 模式,层状)、Volmer-Weber 模式(VW 模式,岛状)和 Stranski-Krastanow 模式(S-K 模式,先是层状生长,然后是岛状生长)。晶体材料的平衡生长按哪一种模式生长取决于衬底表面能、材料表面能和界面能。如果材料表面能和界面能之和总是小于衬底的表面能,即满足浸润条件,则是层状生长;反之,如果材料表面能与界面能之和总是大于衬底的表面能,则是岛状生长。如果在开始生长时,满足浸润条件,为层状生长,但由于存在应变,随生长层数的增加应变能增加,使界面能增加,从而使浸润条件不再满足,外延层会形成位错以释放应变或者在表面原子有足够的迁移率时,形成三维的岛,从而生长转化为岛状生长。虽然大多数的低温生长过程是远离平衡态或接近平衡态的生长,但平衡生长模式是材料生长的热力学极限情况,对真实的材料生长模式有重要的决定作用。

Si 和 Ge 具有相同的金刚石结构,但它们的晶格常数不同,Si 的晶格常数为 0.543 1 nm,Ge 的晶格常数为 0.565 7 nm,Si 衬底上外延生长 Ge 时,其晶格失配达 4.2%,且会随温度的增加继续增大。Ge—Ge 键比 Si—Si 键弱,所以 Ge 具有比 Si 小的表面能。在 Si 上生长 Ge 时,开始时满足浸润条件,是层状生长,随生长厚度的增加,由于晶格失配,应变能增加,浸润条件不再满足,将转化为岛状生长。所以 Si 衬底上生长 Ge 是典型的 SK 模式。而且由于晶格失配,将会形成高密度的失配位错,难以在 Si 上生长出高质量的 Ge 材料,需要在工艺技术上进行创新研究,将失配位错限制在界面附近,从而保持表面器件层材料有好的晶体质量。从 20 世纪 80 年代起,人们就开始研究 Si 基 Ge 材料的生长机理及方法,并提出了多种缓冲层技术以获得高晶体质量的 Ge 材料,这些技术包括 Ge 组分变化缓冲层技术[14-16]、低温 Ge 缓冲层技术[17-20]、选区外延技术[21-30]和表面活性剂辅助[31-33]等。下面分别介绍各种技术的研究进展与存在问题。

根据 SiGe 缓冲层中 Ge 组分变化的情况,组分变化缓冲层法包括组分渐变增加和组分阶梯增加两类。组分渐变增加是通过逐渐增加 SiGe 缓冲层里 Ge 的组分,直至达到纯 Ge,然后生长所需要厚度的 Ge 层。随着生长的进行,外延层的厚度增加,积累的应变能通过产生失配位错而逐步释放,位错分布在整个 SiGe 缓冲层内,各界面处的位错密度降低,位错的钉扎概率减小,利于已有位错半环的扩展运动,抑制新的位错产生,降低位错密度。M. T. Currie 等[14]采用超高真空/化学气相沉积法(UHV/CVD),用组分渐变缓冲层和化学机械抛光(CMP)技术并二次外延获得 Ge 层的位错密度为 2.1×10^6 cm^{-2},表面粗糙度(RMS)为24.2 nm。S. G. Thomas 等[15]采用低能等离子化学气相沉积(LEPECVD)设备,通过10 μm 的 SiGe 渐变缓冲层(变化率为10%/μm)获得 Ge 层位错密度进一步降低至 1.1×10^5 cm^{-2},RMS 为 3.2 nm 的 Ge 外延层。另一种方法是 SiGe 组分阶梯增加缓冲层法。SiGe 缓冲层的组分呈阶梯状增加,在保证晶体质量的情况下,大大降低了缓冲层的厚度。G. L. Luo 等[16]提出了组分跳变的双层 SiGe 缓冲层法生长 Ge 材料,通过界面应力限制位错的传播和原位退火湮灭位错,1 μm 厚的 Ge 外延层位错密度为 3×10^6 cm^{-2},RMS 为3.2 nm,两层 SiGe 的总厚度只有 1.6 μm。

低温 Ge 缓冲层法是指先在较低温度下外延生长一层 Ge 缓冲层,再在高温下外延生长出高质量的 Ge 层。由于低温生长时,Ge 原子的热动能小,原子迁移率低,氢(H)原子脱附不完全(源气体为锗烷(GeH$_4$),分解时会产生 H 原子),使得低温下外延生长 Ge 缓冲层的结晶质量差,点缺陷多[17]。点缺陷的存在降低了材料的弹性常数,使其机械性能变差,可以起到调节应力、湮灭位错的作用。

1991 年,B. Cunningham 等[18]率先采用 UHV/CVD 系统开展低温 Ge 层生长研究。1999 年,H. C. Luan 等[19]在 UHV/CVD 设备中采用低温 Ge 作缓冲层,生长出高质量的厚 Ge 外延层,并通过周期循环退火进一步减小位错密度。低温 Ge 技术的优点是低温缓冲层很薄(50~90 nm),并且 Ge 外延层的表面平整(RMS 仅为 0.4~2.0 nm),无 Cross – hatch 形貌;目前人们基本上倾向于用 Ge 低温缓冲层技术来外延生长 Si 基 Ge 材料,取得了很好的结果。图 1 –1 是中国科学院半导体研究所用低温 Ge 过渡层技术在 Si(100)衬底上外延生长的 Ge 材料的截面透射电子显微镜(TEM)图[20]。从图中可以看出晶格失配位错主要以处于 Si/Ge 界面附近的 Lomer 位错的形式存在,而且分布比较均匀,具有好的周期性,表面附近的 Ge 外延层中位错很少。理论计算表明,如果认为应力全部由 Lomer 位错释放,位错将周期性均匀分布,那么沿(110)方向,位错分布的周期为 9.6 nm。从图 1 –1 中可以看出位错分布周期为 9.7 nm,说明绝大部分的应力是通过 Lomer 位错释放的。Lomer 位错与生长平面平行,不会向外延的 Ge 层穿透,这就保障了 Ge 外延层的晶格质量。

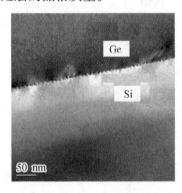

图 1 –1　Si(100)衬底上外延生长 Ge 材料的截面 TEM 图

选区外延是指首先在衬底上通过光刻、刻蚀形成周期性的图形(图形衬底),然后再选择性地外延。选区外延极大地降低了外延层中的位错密度。其中一种图形衬底是在 Si 衬底上制备二氧化硅(SiO₂)薄膜,然后光刻并刻蚀 SiO₂ 露出生长 Ge 的窗口,Ge 将选择性地在露出 Si 的位置生长,并可以横向过生长而在 SiO₂ 表面合并,形成完整的 Ge 外延层。J. S. Park 等[21]对深度为 500 nm,宽度为 400 nm 的 SiO₂ 沟槽中生长的 Ge 材料进行观测发现,大部分线位错被 SiO₂ 侧壁阻止在约 400 nm 深度以内,上部分 Ge 层中位错很少,甚至没有线位

错,如图 1 – 2(a)所示。这种图形衬底对位错的阻止(湮灭)作用原理可以用图
1 – 2(b)说明[22]。

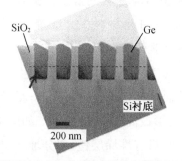

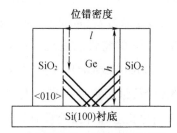

(a)图形衬底上Ge外延层位错分布截面TEM图　　(b)图形衬底阻止位错传输原理图

图 1 – 2　图形衬底上 Ge 外延层位错分布截面 TEM 图和图形衬底阻止位错传输原理图

　　另一种方式是在 Si 衬底上刻蚀出一维或二维结构的台面,然后进行 Ge 的
外延生长,该方法使失配位错只要迁移到图形台面的边沿就可以消失,而不像
平面衬底材料,必须迁移到衬底的边沿,所以图形衬底可以减小失配位错迁移
的距离,从而减小了位错的相互作用和衍生的概率,进而降低了位错密度。图
形衬底上生长异质结材料(如 Ge/Si、GaAs/Si 等)的研究表明,外延层材料的位
错密度与图形的尺寸密切相关,图形尺寸越小,位错密度越低。G. Vanamu
等[24 – 26]在 1 – D 和 2 – D Si 图形衬底上采用 CVD 设备生长了高质量的
Ge/SiGe/Si材料。在图形周期一定的情况下,随着台面尺寸的减小,Ge 外延层
中的位错密度急剧降低。当 1 – D 光栅周期约为 1 μm,台面宽度只有 200 nm
时,Ge 外延层位错密度仅有 4×10^5 cm^{-2}。直接生长在 2 – D 图形衬底上的
10 μm Ge层,位错密度低至 5×10^5 cm^{-2},比生长在平面 Si 衬底上的 Ge 层降低
了 3 个数量级;并且 Ge 层表面平整,表明无 Cross – hatch 形貌,RMS 为 2 nm。
可见,制作具有小尺寸图形的衬底是生长低位错密度材料的基础。人们开始时
利用的是普通的光刻腐蚀方法制备图形衬底,由于受光刻尺寸的限制,图形尺
寸比较大,为微米量级。电子束光刻可以实现小尺寸,但不适合于制作大面积
图形衬底,用它难以实现产业化生产。激光干涉法光刻可以制作几百纳米级的
小尺寸图形衬底,而且可以进行大面积图形衬底的制作,是一种很好的方法。
但是为了进一步提高外延材料的质量,降低外延材料的位错密度,需要制作更
小的纳米尺寸图形的衬底,这时激光干涉光刻法也无能为力了,需要寻求新的

方法。利用高密度的反应离子刻蚀,可以在 Si 表面刻蚀出纳米微结构的表面。在六氟化硫(SF_6)气氛下,用脉冲激光照射 Si 表面,也可以制作出纳米微结构的表面。如果在这些方法制备的具有纳米微结构的 Si 衬底上生长 Ge 材料,由于其图形尺寸小,可望获得低位错密度的 Ge 外延材料。Q. Li 等[27-29]另辟蹊径,采用分子束外延(MBE)系统地研究在化学氧化的 $1.2\ nm - SiO_2 - Si$ 衬底上选择生长 Ge 的特性。发现 Ge 从 SiO_2 层扩散到 SiO_2/Si 界面,发生三元反应 $Ge + Si + 2SiO_2 \Longrightarrow GeO(g) + 3SiO(g)$,从而选择生长成高密度 Ge 量子点。随着生长进行,量子点进一步长大,侧向外延形成高质量的 Ge 层,如图 1-3 所示。侧向生长层和界面处没有失配位错网,只有堆垛层错,部分堆垛层错的穿透形成线位错密度仅为 $2 \times 10^6\ cm^{-2}$。M. Halbwax 等[30]采用 UHV/CVD 设备进行 Ge 选择生长。先通入硅烷(SiH_4)诱导 Ge 成核,形成位错密度约 $7 \times 10^9\ cm^{-2}$ 的 Ge 岛。随着生长进行,Ge 岛不断长大并具有 $\{111\}$ 和 $\{113\}$ 面。Ge 层难以侧向外延而连成平面。Ge 和 SiO_2 界面完好,没有位错,外延层中只发现堆垛层错。SiO_2 层消除了 Si 的晶格对 Ge 层的影响,获得无位错应力完全释放的高质量 Ge 层。

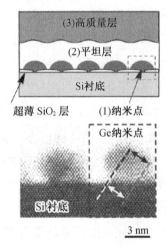

图 1-3　采用插入 SiO_2 薄层技术外延生长 Ge 的示意图[29]

　　表面活性剂辅助生长是指先在表面上生长一个单原子层的活性剂(如锑(Sb))。表面活性剂不仅可以抑制岛的形成,还可以控制缺陷的结构,在生长的最初阶段,由于应力弛豫形成穿透位错,在随后的生长过程中这些位错会自行湮灭或滑移到界面处,在界面处形成位错网,因此可以生长出位错密度小的外延层[31]。

T. F. Wietler 等[32]采用 MBE，先在 Si 衬底上生长一原子层的 Sb，然后在 670 ℃高温下以 2. 4 mL/min 的 Sb 维持，生长出 1. 0 μm Ge 的位错密度为 $2.0 \times 10^7 cm^{-2}$。J. L. Liu 等[33]采用 MBE，用 Sb 表面活性剂辅助，结合 SiGe 里 Ge 组分渐变缓冲层法，获得外延 Ge 层的位错密度降低至 $5.4 \times 10^5 cm^{-2}$，RMS 为 3. 5 nm。

采用 Ge 组分变化缓冲层法，Ge 组分的变化率一般控制在 10%/μm，因此 SiGe 缓冲层的厚度通常需要达到 10 μm 以上，厚度比较大，生长周期过长，材料导热性变差，不利于器件的集成化。低温 Ge 技术的不足之处是位错密度偏高（$10^8 cm^{-2}$），需要通过高温退火来降低位错密度。退火时 Ge 和 Si 晶格膨胀系数不同，产生热失配应力，推动位错运动并反应，使位错湮灭[19]。虽然退火可使位错密度降低，但在高温退火时，经常会出现 Si、Ge 互扩散，影响材料的性能。选择图形衬底的方法，前期工艺比较复杂，而且生长材料过渡层比较厚，不太适合集成器件的研制。采用引进辅助剂 Sb 辅助生长 Ge 时，通过二次离子质谱仪（SIMS）测试发现，在 Ge 的表面 Sb 的浓度比较高，这会影响到后续 Ge 的掺杂及一些关键器件的制作。

1.3 Si 基 Ge 材料的器件应用与存在的问题

下面将分别讨论 Si 基 Ge 材料在光电探测器、光源和金氧半场效晶体管（MOSFET）中应用的物理机制、取得的进展及存在的主要问题。

光电探测器是未来光通信和光电集成的关键器件。Si 基 Ge 材料的应用之一是克服硅吸收边波长短的限制，制备长波长（1. 3 ~ 1. 55 μm）光电探测器[34]。近年来，随着材料生长技术的进步和设备的改进，人们已经能够在 Si 衬底上生长出高质量的 Ge 外延层，使 Si 基 Ge 光电探测器的结构和性能得到大幅度的提高，目前已研制出包括 PIN[35-36]、金属 - 半导体 - 金属（MSM）[37]、雪崩探测器（APD）[38-39]等各种结构的 Si 基 Ge 光电探测器，器件的响应带宽已达 40 GHz 以上，波长 1. 55 μm 处的响应度高达 1 A/W，性能可以与 Ⅲ ~ Ⅴ族探测器相媲美。

光电探测器的另一个重要的性能指标为暗电流，暗电流越低，灵敏度越高。

Ge 的带隙小,外延 Ge 材料中的缺陷密度及表面态密度高,没有好的钝化保护层等缺点,导致 Si 基 Ge 光电探测器的扩散电流、产生电流以及表面漏电流等均偏高,器件的总体暗电流偏高,无法满足实际应用的要求。需要研究材料的制备技术、器件的制作工艺、表面钝化工艺等,将 Si 基 Ge 光电探测器的暗电流进一步降低,以达到实用化的水平。

尽管 Ge 也是间接带材料,室温下 Ge 的直接带隙(0.80 eV)仅比间接带隙(0.66 eV)高 0.14 eV,能带结构容易通过张应变和 n 型杂质来调控,使 Ge 变为直接带材料,极大地提高了辐射复合概率。基于 Ge 材料中张应变和 n 型杂质对能带的共同调节作用,提高辐射复合概率,在试验上实现了 Ge 材料的光致发光、电致发光以及特定波段的光增益。X. C. Sun 等[7, 40]报道了 Si 基 Ge 材料的光致发光谱和电致发光谱;M. E. Kurdi 等[41-42]报道了 n 型杂质和张应变对 Ge 光致发光峰的强度、峰位(能带结构)的影响;W. Hu 等[8]报道了 $p^+ - Ge/i - Ge/N^+ - Si$ 异质结电致发光管;S. Cheng 等[9]报道了 $n^+ - Ge/p - Ge$ 同质结电致发光管;L. F. Liu 等[43]观察到了在 1 600 nm 波长附近的光增益,增益系数达到 50 cm^{-1}。上述试验结果总结如下:证实了观察到的发光峰为 Ge 的直接带跃迁,发光峰的峰位大约在 0.78 eV,对应波长为 1.55 μm(不同小组报道的峰位略有不同,与材料应变状态、掺杂浓度有关);张应变能够减小 Ge 的带隙,直接带隙(Γ 带到重空穴带)的变化量(ΔE)与张应变(ε)的关系线性描述为 $\Delta E = -14\varepsilon$ (eV);当 Ge 材料中的张应变一定时,掺杂浓度越高,费米能级越高,填充到 Γ 带谷的电子浓度越高,发光峰越强;温度越高,热激发越活跃,电子填充浓度越高,发光峰越强;随着注入电流增大,焦耳热温度升高,在电致发光谱中,发光峰的强度随着注入电流的增加呈超线性增强关系,器件比一般Ⅲ~Ⅳ族化合物发光器件更适用于室温或高温下工作。

2012 年 5 月,美国麻省理工学院的 Kimerling 研究小组在 *Optics Express* 上报道了首个电泵的 Ge 激光器[44]。n - Ge 材料由选区外延的方法制备于重掺杂的 n - Si 衬底上,采用 δ 掺杂的方法,将其掺杂浓度提高到 $4 \times 10^{19} cm^{-3}$。器件结构如图 1 - 4(a)所示。在 511 kA/cm^2 的电流注入时,器件发出波长约为 1 530 nm,线宽小于 1.2 nm,功率约为 1 mW 的激光,如图 1 - 4(b)所示。该激光器的研制成功,为长期以来困扰 Si 基光电集成发展的光源难题提供了变革性的解决方案。

(a)结构示意图

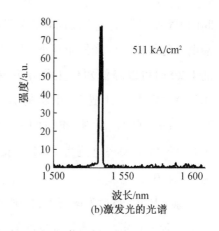

(b)激发光的光谱

图1-4 Si基Ge电泵激光器

Ge的电子和空穴的迁移率分别是Si的2倍和4倍,是所有半导体材料中空穴迁移率最高的材料,所以Ge是研制高性能P沟道MOSFET的首选材料。人们曾经用Ge研制出了第一只半导体晶体管,但是由于Ge的氧化物不稳定,界面态控制困难,限制了其在集成电路方面的应用,使载流子迁移率并不高的Si材料成为集成电路和信息产业的支柱。Si集成电路遵循摩尔定律飞速发展着,但是随着特征线宽的进一步缩小,集成电路的集成度和性能的提高遇到了前所未有的挑战。人们不断提出创新性的方案以使Si集成电路继续沿着摩尔定律发展,包括应变硅技术、高K介质技术,等等。利用新的高迁移率半导体材料如应变SiGe及Ge来替换(部分替换)Si材料,研制新型高速集成电路也是一个很好的途径。Ge在低场条件下,可提供比Si高3倍的空穴迁移率和比Si高2倍的电子迁移率。此外,过去认为是巨大障碍的二氧化锗(GeO$_2$)的不稳定性现在成为其主要优点。试验证明,对于同样的沉积条件,Ge为衬底的界面氧化层厚度比Si为衬底要薄得多。近年有很多研究小组开展了Ge高速场效应晶体管方面的研究,在65 nm的Ge-on-Si pMOSFET和70 nm[45]的Strained-Ge pMOSFET[46]以及30nm的Germanium-on-Insulator(GeOI)器件[47]上取得了很多重要的进展。

为了降低MOSFET器件工作在off(开路)状态下的漏电流,通常需要对材料进行退火处理,以降低Si和Ge之间高达4%的晶格失配带来的高位错密度。2010年,V. A. Shah等[48-49]在应变弛豫的Si$_{0.2}$Ge$_{0.8}$/Ge上沉积20 nm的Ge层,采用循环退火降低Ge层的位错密度,使得相对应的pMOSFET的源极-衬底之间的 PN 结的漏电流在反向 0.5 V 下减小到原来的 1/20,首次发现了二极管的漏电流随位错密度降低而减小[50]。另外,E. Simoen 等[51]发现位错密度为原来的 1/20 时可以降低器件工作在反向工作区时的产生 – 复合噪声。2009 年,H. Y. Yu 等[52]采用选区外延的方法,在 Si 衬底上制备了位错密度约为 $2 \times 10^6 \text{ cm}^{-2}$ 的 Ge 材料,相应的 pMOSFET 的迁移率比一般的 Si 材料提高了 80%,PN 结的关态电流为 $2 \times 10^{-4} \mu A/\mu m$,在 – 1.1 V 的漏极电压下,$I_{on}/I_{off}$ 约为 6.3×10^3。

综上所述,经过不懈努力,各国研究人员综合各种缓冲层技术,可以在 Si 衬底上外延生长出晶体质量优良的 Ge 材料,并用这一材料研制出高性能 Si 基长波长光电探测器,并取得了重要进展。同时,人们利用能带工程研究了 Si 基 Ge 材料一些具有重要意义的光学特性,实现了光泵和电泵的激光器。另外,Si 基 Ge 材料还应用于高速场效应晶体管方面。充分发挥 Si 基 Ge 材料优良的光电特性和灵活的集成性等特点,Si 基光电集成将会更加快速地向前发展。亟待解决的课题还有:采用更有效的缓冲层技术,进一步降低 Si 基 Ge 材料中的位错;杂质(如硼(B)、P)在 Ge 中溶解度低、扩散快导致的高浓度掺杂困难。这将造成掺杂 Ge 材料与金属难以形成低阻的欧姆接触,影响器件性能的进　步提高。总之,Si 基 Ge 器件性能的提高强烈依赖于 Si 基 Ge 材料外延技术的进步,适合于 Si 基集成化的外延技术和器件结构将是未来发展的重点方向。

1.4　本书主要内容

本书总结了 Si 基 Ge 材料外延生长的研究工作,采用低温相干 Ge 岛缓冲层,并结合 SiGe/Ge 超晶格插层压制位错密度的方法,在 Si 衬底上外延生长了高质量的 Ge 材料;并开展了 Si 基 Ge 原位掺杂 B 和 P 的工作,在此基础上研制了 Si 基 Ge PN 结和 SOI 基 Ge PIN 结构,为 Si 基光电子材料和器件的进一步研究提供参考。

每章的主要内容如下:

第 1 章概述了 Si 基 Ge 材料生长与器件的基本知识。

第 2 章首先简单介绍 Si 基 Ge 材料生长的 UHV/CVD 设备;其次提出了采用低温相干 Ge 岛缓冲层外延生长 Ge 材料的方法,获得较低位错密度,然后在低温 Ge 缓冲层技术的基础上结合了 SiGe/Ge 超晶格插层压制位错密度,在 Si 衬底上外延生长出高质量的 Ge 材料;研究了低温 Ge 和 SiGe/Ge 超晶格在降低 Ge 材料位错密度和提高表面平整性等方面的作用机理;制备出的 Si 基 Ge 材料的位错密度约为 1.49×10^6 cm^{-2},RMS 低至 0.72 nm。

第3章详细描述了以乙硼烷(B_2H_6)和磷化氢(PH_3)为源气体,对 Si 基 Ge 材料进行 p 型和 n 型原位掺杂;研究了掺杂源气体流量对 Ge 生长速率、样品表面形貌及掺杂浓度的影响;分析了应变、掺杂浓度和材料的晶体质量对原位 P 掺杂 Ge 材料光致发光光谱(PL 谱)的影响;最后研究了退火对原位 P 掺杂 Ge 材料性质的影响。

第4章研究了在 Si 基 n-Ge 材料上溅射 60 nm 的镍(Ni),通过快速热退火测试其热稳定性;用扫描电子显微镜(SEM)和 X 射线衍射(XRD)测试分析了方块电阻随退火温度的变化机理;并通过线性传输方法对其欧姆接触的比接触电阻率进行了测量。

第5章讲述了优化材料和器件制备工艺,制作了 Si 基 Ge PN 结和 SOI 基 Ge PIN 结构;测试分析讨论了 PN 结的 $I-V$ 与 $C-V$ 特性和 SOI 基 Ge PIN 结构电致发光谱。

第6章是总结与展望。

参 考 文 献

[1] HACKBARTH T, KIBBEL H, GLUECK M, et al. Artificial substrates for n- and p-type SiGe heterostructure field-effect transistors [J]. Thin Solid Films, 1998, 321(1/2): 136-140.

[2] JUTZI M, BERROTH M, WOHL G, et al. SiGe PIN photodetector for infrared optical fiber links operating at 1.25 Gbit/s [J]. Applied Surface Science, 2004, 224(1/2/3/4): 170-174.

[3] BANDARU P R, SAHNI S, YABLONOVITCH E, et al. Fabrication and characterization of low temperature (< 450 ℃) grown p-Ge/n-Si photodetectors for silicon based photonics [J]. Materials Science Engineering: B, 2004, 113(1): 79-84.

［4］ OH J, BANERJEE S K, CAMPBELL J C. Metal-germanium-metal photodetectors on heteroepitaxial Ge-on-Si with amorphous Ge Schottky barrier enhancement layers ［J］. IEEE Photonics Technology Letters, 2004, 16(2): 581-583.

［5］ LIU J L, TONG S, LUO Y H, et al. High-quality Ge films on Si substrates using Sb surfactant-mediated graded SiGe buffers ［J］. Applied Physics Letters, 2001, 79(21): 3431-3433.

［6］ LIU J F, SUN X C, PAN D, et al. Tensile-strained, n-type Ge as a gain medium for monolithic laser integration on Si ［J］. Optics Express, 2007, 15(18): 11272-11277.

［7］ SUN X, LIU J, KIMERLING C, et al. Room-temperature direct bandgap electrolumin-esence from Ge-on-Si light-emitting diodes ［J］. Optics Express, 2009, 17(34): 1198-1200.

［8］ HU W X, CHENG B W, XUE C L, et al. Electroluminescence from Ge on Si substrate at room temperature ［J］. Applied Physics Letters, 2009, 95(9): 093504.

［9］ CHENG S L, LIU J, SHAMBAT G, et al. Room temperature 1.6 μm electroluminescence from Ge light emitting diode on Si substrate ［J］. Optics Express, 2009, 17(12): 10019-10024.

［10］ ARCHER M J, LAW D C, MESROPIAN S, et al. GaInP/GaAs dual junction solar cells on Ge/Si epitaxial templates ［J］. Applied Physics Letters, 2008, 92(10): 103503.

［11］ CARLIN J A, RINGEL S A, FITZGERALD E A, et al. Impact of GaAs buffer thickness on electronic quality of GaAs grown on graded Ge/GeSi/Si substrates ［J］. Applied Physics Letters, 2000, 76(14): 1884-1886.

［12］ KASPER E. Properties of strained and relaxed silicon germanium ［M］. 余金中, 译. 北京: 国防工业出版社, 2002.

［13］ TERSOFF J, LEGOUES F K. Competing relaxation mechanisms in strained layers ［J］. Physics Review Letters, 1994, 72(22): 3570-3573.

［14］ CURRIE M T, SAMAVEDAM S B, LANGDO T A, et al. Controlling threading dislocation densities in Ge on Si using graded SiGe layers and chemical-

mechanical polishing ［J］. Applied Physics Letters, 1998, 72 (14):
1718-1720.

[15] THOMAS S G, BHARATAN S, JONES R E, et al. Structural characterization
of thick, high-quality epitaxial Ge on Si substrates grown by low-energy
plasma-enhanced chemical vapor deposition ［J］. Journal Electron
Materials, 2003, 32(9): 976-980.

[16] LUO G L, YANG T H, CHANG E Y, et al. Growth of high-quality Ge
epitaxial layers on Si (100) ［J］. Japanese Journal Applied Physics, 2003,
42: L517-L519.

[17] PALANGE E, GASPARE L D, EVANGELISTE F. Real time spectroscopic
ellipsometric analysis of Ge film growth on Si(001) substrates ［J］. Thin
Solid Films, 2003, 428(1/2):160-164.

[18] CUNNINGHAM B, CHU J O, AKBAR S. Heteroepitaxial growth of Ge on
(100) Si by ultrahigh vacuum, chemical vapor deposition ［J］. Applied
Physics Letters, 1991, 59(27): 3574-3576.

[19] LUAN H C, LIM D R, LEE K K, et al. High-quality Ge epilayers on Si
with low threading-dislocation densities ［J］. Applied Physics Letters, 1999,
75(19): 2909-2911.

[20] 成步文, 薛春来, 罗丽萍, 等. Si 衬底上 Ge 材料的 UHVCVD 生长［J］.
材料科学与工程学报, 2009, 27(1): 118-120.

[21] PARK J S, BAI J, CURTIN M, et al. Defect reduction of selective Ge
epitaxy in trenches on Si(001) substrates using aspect ratio trapping ［J］.
Applied Physics Letters, 2007, 90(5): 052113.

[22] LANGDO T A, LEITZ C W, CURRIE M T, et al. High quality Ge on Si by
epitaxial necking ［J］. Applied Physics Letters, 2000, 76 (25): 3700-
3702.

[23] LOH T H, NGUYEN H S, TUNG C H, et al. Ultrathin low temperature
SiGe buffer for the growth of high quality Ge epilayer on Si (100) by
ultrahigh vacuum chemical vapor deposition ［J］. Applied Physics Letters,
2007, 90(9): 092108.

[24] VANAMU G, DATYE A K, ZAIDI S H. Heteroepitaxial grown on microscale patterned silicon structures[J]. Journal Crystal Growth, 2005, 280(1/2): 66-74.

[25] VANAMU G, DATYE A K, ZAIDI S H. Growth of high quality $Ge/Si_{1-x}Ge_x$ on nano-patterned Si structures[J]. Journal Vacuum Science Technology B, 2005, 23(4): 1622-1629.

[26] VANAMU G, DATYE A K, ZAIDI S H. Epitaxial growth of high-quality Ge films on nanostructured silicon substrates [J]. Applied Physics Letters, 2006, 88(20): 204104.

[27] LI Q M, PATTADA B, BRUECK S R J, et al. Morphological evolution and stain relaxation of Ge islands grown on chemicallay oxidized Si(100) by molecular-beam exitaxy [J]. Journal Applied Physics, 2005, 98 (7): 073504.

[28] LI Q M, KRAUSS J L, HERSEE S, et al. Probing interactions of Ge with chemical and thermal SiO_2 to understand selective growth of Ge on Si during molecular beam epitaxy [J]. Journal Physics Chemistry C, 2007, 111 (2): 779-786.

[29] NAKAMURA Y, MURAYAMA A, ICHIKAWA M. Epitaxial growth of high quality Ge films on Si(001) substrates by nanocontact epitaxy [J]. Crystal Growth Design,2011, 11(7): 3301-3305.

[30] HALBWAX M, RENARD C, CAMMILLERI D, et al. Epitaxial growth of Ge on a thin SiO_2 layer by ultrahigh vacuum chemical vapor deposition [J]. Journal Crystal Growth, 2007, 308(1): 26-29.

[31] HOEGEN M H, LEGOUES F K, COPEL M, et al. Defect Self-annihilation in surfactant-mediated epitaxial growth [J]. Physics Review Letters,1991, 67(9): 1130-1133.

[32] WIETLER T F, BUGIEL E, HOFMANN K R. Surfactant-mediated epitaxy of relaxed low-doped Ge films on Si(001) with low defect densities [J]. Applied Physics Letters, 2005, 87(18): 182102.

[33] LIU J L, TONG S, LUO Y H, et al. High-quality Ge films on Si substrates

using Sb surfactant-mediated graded SiGe buffers [J]. Applied Physics Letters, 2001, 79(21): 3431-3433.

[34] MICHEL J, LIU J F, KIMERLING L C. High-performance Ge-on-Si photodetectors[J]. Nature Photonics, 2010, 4(8):527-534.

[35] SAMAVEDAM S B, CURRIE M T, LANGDO T A, et al. High-quality germanium photodiodes integrated on silicon substrates using optimized relaxed graded buffers [J]. Applied Physics Letters, 1998, 73(15): 2125-2127.

[36] LIU J F, MICHEL J, GIZIEWICZ W, et al. High-perfermance, tensilt-stranied Ge p-i-n photodetectors on Si platform[J]. Applied Physics Letters, 2005, 87(5): 103501.

[37] ROUVIERE M, VIVIEN L, XAVIER L R, et al. Ultrahigh speed germanium-on-silicon-on-insulator photodetectors for 1.31 and 1.55 μm operation [J]. Applied Physics Letters, 2005, 87(23): 231109.

[38] XUE C L, XUE H Y, CHEN B W, et al. Si/Ge separated absorption charge multiplication avalanche photodetecor with low dark current[C]. 2009 6th IEEE Internationl Conference on Group IV Photonics. San Francisco: 2009.

[39] KANG Y M, LIU H D, MORSE M, et al. Monolithic germanium/silicon avalanche photodiodes with 340 GHz gain-bandwidth product [J]. Nature Photonics, 2009(3): 59-63.

[40] SUN X C, LIU J F, KIMERLING L C, et al. Direct gap photoluminescence of n-type tensile strained Ge-on-Si[J]. Applied Physics Letters, 2009, 95(1):011911.

[41] KURDI M E, KOCINIEWSKI T, NGO T P, et al. Enhanced photoluminescence of heavily n-doped germanium [J]. Applied Physics Letters, 2009, 94(19):191107.

[42] KURDI M, BERTIN H, MARTINCIC E, et al. Control of direct band gap emission of bulk germanium by mechanical tensile strain [J]. Applied Physics Letters, 2010, 96(9):041909.

[43] LIU L F, SUN X C, KIMERLING L C, et al. Optical gain from the direct

gap transition of Ge-on-Si at room temperature[J]. Optics Letters, 2009, 34 (3):1738-1740.

[44] CAMACHO-AGUILERA R E, CAI Y, PATEL N, et al. An electrically pumped germanium laser [J]. Optics Express, 2012, 20(10): 11316-11320.

[45] HELLINGS G, MITARD J, ENEMAN G, et al. High performance 70 nm germanium pMOSFETs with boron LDD implants[J]. IEEE Electron Device Letters, 2009, 30(1): 88-90.

[46] MITARD J, DE JAEGER B, ENEMAN G, et al. High hole mobility in 65 nm strained Ge p-Channel field effect transistors with HfO_2 gate dielectric [J]. Japanese Journal Applied Physics, 2011, 50(4S): 04DC17.

[47] HUTIN L, ROYER C L, DAMLENCOURT J, et al. GeOI pMOSFETs scaled down to 30 nm gate length with record off-state current[J]. IEEE Electron Device Letters, 2010, 31(3): 234-236.

[48] SHAH V A, DOBBIE A, MYRONOV M, et al. Reverse graded SiGe/Ge/Si buffers for high-composition virtual substrates[J]. Journal Applied Physics, 2010, 107(6): 064304.

[49] MYRONOV M, DOBBIE A, SHAH V A, et al. High quality strained Ge epilayers on a $Si_{0.2}Ge_{0.8}$/Ge/Si(100) global strain-tuning platform [J]. Electrochemical Solid-State Letters, 2010, 13(11): H388-H390.

[50] SIMOEN E, BROUWERS G, YANG R, et al. Is there an impact of threading dislocations on the characteristics of devices fabricated in strained-Ge substrates? [J]. Physica Status Solidi(C), 2009, 6(8):1912-1917.

[51] SIMOEN E, MITARD J, DE JAEGER B, et al. Low-frequency noise characterization of strained germanium pMOSFETs[J]. IEEE Transactions Electron Devices, 2011, 58(9):3132-3139.

[52] YU H Y, ISHIBASHI M, PARK J H, et al. p-Channel Ge MOSFET by selectively heteroepitaxially grown Ge on Si[J]. IEEE Electron Device Letters, 2009, 30(6): 675-677.

第2章　Si基Ge材料的外延生长

常见生长Ge材料的化学气相沉积(CVD)有低能等离子增强化学气相沉积(LEPECVD)、减压化学气相沉积(RPCVD)以及超高真空化学气相沉积(UHV/CVD)等。其中UHV/CVD具有超高真空环境,作为一种更富有实用性的原子级外延技术,应用于高质量Ge材料、SiGe异质结构、量子阱、超晶格、量子点材料的外延生长,具有广泛的应用前景。本章首先介绍我们研究小组所使用的双生长室超高真空化学气相沉积(Double chamber UHV/CVD)系统的结构和特点,以及材料的表征方法;之后研究在低温相干Ge岛缓冲层技术基础上结合SiGe/Ge超晶格插层压制位错密度的方法,在Si衬底上外延生长高质量的Ge材料,并分析低温Ge缓冲层和SiGe/Ge超晶格在降低Ge材料位错密度和提高表面平整性等方面的作用机理。

2.1　材料生长系统及表征方法

2.1.1　双生长室UHV/CVD系统

本试验所采用的设备是由厦门大学、中国科学院半导体研究所和沈阳科学仪器有限公司共同研制的双生长室超高真空化学气相沉积系统。该系统主要由真空系统、气路系统、温度控制系统、计算机控制系统和尾气处理系统五大部分组成[1],如图2-1所示。

1.真空系统

真空系统主要由三部分组成:左右生长室、进样室和预处理室。两生长室之间用无氧铜圈密封,用法兰连接并用大型闸板阀隔开以维持各自的独立性;进样室是样品的引进室;预处理室具有样品预烘烤、存储和传递功能,它也是连接进样室和生长室的重要组成部分。左右生长室是样品生长的部分,同时配有反射式高能电子衍射仪(RHEED)和四级质谱仪两台原位检测设备,用以检测原位材料表面的变化情况以及真空检漏、分析生长室内的气体成分等,左生长室还安装了两个固态束源炉、一台射频裂解仪,在束源炉里可以根据需要放置不同的固态源,进行类似于 MBE 生长,射频裂解仪可以使各元素以等离子体的形式引入生长室,使系统对气源的选择具有更大的自由度。在样品生长时,首先将样品经进样室传到预处理室,然后在预处理室的加热器上进行加热以除去水气,再传入左生长室或右生长室进行生长试验。真空泵是维持真空系统的核心部分,进样室和手套箱配有机械泵和小分子泵,真空度可以达到10^{-5} Pa。预处理室还配有离子泵来维持真空,真空度可以高达 10^{-7} Pa。左右生长室各配有由机械泵、小分子泵、大分子泵、离子泵和钛升华泵组成的独立抽气系统,真空度也可以高达 10^{-7} Pa。

图 2-1 双生长室 UHV/CVD 系统

2. 气路系统

气路系统主要由管道、各种接头、阀门、质量流量计(MFC)和过滤器组成,可以同时将八种不同气体连入气路中。为了满足生长的需要,专门设计了反应气体-旁路结构,能迅速变换生长室内的反应气体。这个气路系统密闭性良好,连同各气源瓶都安装在维持负压状态的气柜内。左右生长室分别配有一路配气管道,工作气体通过气路气柜混气后控制生长室上的角阀进入生长室,通过控制质量流量计来调节流量,进入真空室中。

3. 温度控制系统

温度控制系统由温度控制器、电源变压器、热电偶和连接电缆组成,用于真空系统中各种加热器(如束源炉、石墨加热器等)的温度控制。

4. 计算机控制系统

计算机控制系统能够完成工艺过程控制和数据采集两部分工作,它大大提高了外延生长过程工艺的精确度,确保了工艺的可重复性。各生长参数可根据需要随时进行调整和修改。

5. 尾气处理系统

尾气处理系统包括防爆处理和解毒处理。使用高纯氮气注入机械泵稀释排出的残余气体,防止残余气体在机械泵的油箱内滞留而引发爆炸。排出的气体被引入专门的解毒柜中,在高温下将其分解成无毒性的产物排入大气。为了安全,在尾气排放口安放了高灵敏度的毒气检测和报警装置。

除上述几个子系统之外,设备还配有一台波长为248 nm 的氟化氩(ArF)准分子激光器。激光经光路系统引入左生长室,可以进行激光辅助外延或对材料进行激光原位退火。总的来说,双生长室 UHV/CVD 系统是集超高真空、自动控制、激光辅助生长、原位检测等于一体的大型科研设备,同时双生长室的设计拓展了材料外延的研究方向,为在能带工程中开发研究新型材料奠定了坚实的基础。

2.1.2　Si 基 Ge 材料表征方法

Si 基 Ge 材料是通过外延的方法获得的,其性能与外延层的厚度、组分、应力、缺陷、表面及界面等有着密切的关系。因此,表征技术是 Ge 材料生长的一个重要组成部分。本节介绍了常用表征 Ge 材料的方法,包括 X 射线双晶衍射(Double - crystal X - ray diffraction, DC - XRD)、拉曼散射谱(Raman spectroscopy)、电子显微镜(TEM 和 SEM)、原子力显微镜(AFM)、二次离子质谱(Secondary ion mass spectroscopy, SIMS)、光致发光谱(PL 谱)和化学腐蚀位错坑法(Etch - pit density,EPD)。

1. DC - XRD

DC - XRD 技术是检测晶体质量的重要手段[2-3]。由于 XRD 测量精度高、测试速度快、操作方便简单且重复性好,而且测试样品不需特殊处理,可以无损伤测试,因此在测定粉末或薄膜材料晶体的结构、大小、应变以及评价晶体质量等方面有着广泛的应用。从 X 射线源产生 X 射线,由狭缝限束,经过晶体准直后照射到样品上,从样品衍射出来的信号被探测器收集,经过计算机处理后得到 DC-XRD 数据。

通过分析 DC-XRD 曲线中衍射峰的峰位、半高宽、干涉条纹的精细程度等,可以判断晶体的结晶质量,并分析晶体的组分、应变等信息。对于超晶格和量子阱结构的材料,衍射卫星峰还能够反映出异质结构的边界是否明晰、周期是否均匀等重要信息,通过对多级衍射卫星峰的拟合,还可以得到量子阱的周期厚度、材料组分和应变等重要参数。

对于 Ge 材料,根据测到的衍射峰对晶体的质量进行判定,对样品的应变和弛豫度进行计算[4]。首先根据测得(004)面的峰角 $\theta_B(004)$,求得垂直晶格常数 $\alpha_{Ge}^{\perp}$:

$$\alpha_{Ge}^{\perp} = 4d_{004} = \frac{2\lambda}{\sin\theta_B(004)} \tag{2-1}$$

根据四方畸变原理,求解平行方向晶格常数:

$$\alpha_{Ge} = \left(\frac{1-v}{1+v}\right)\alpha_{Ge}^{\perp} + \left(\frac{2v}{1+v}\right)\alpha_{Ge}^{\parallel} \tag{2-2}$$

最后根据弛豫度计算公式

$$R = (\alpha_{Ge}^{\parallel} - \alpha_{Si})/(\alpha_{Ge} - \alpha_{Si}^{\parallel}) \tag{2-3}$$

求得外延生长 Si 基 Ge 材料的弛豫度及应变情况。

本书采用的 XRD 设备是厦门大学光子学研究中心的 Bede QC200 和中国科学院半导体研究所的 Bede D1 系统。

2. 拉曼散射谱

当激光照射到物质上时会发生散射,散射光中除有与激发光波长相同的弹性成分(瑞利散射)外,还有比激发光波长的和短的成分,这种现象统称为拉曼效应。由分子振动、固体中的光学声子等元激发与激发光相互作用产生的非弹性散射称为拉曼散射,一般把瑞利散射和拉曼散射合起来所形成的光谱称为拉曼光谱。拉曼散射光频率与入射光频率之差称为拉曼位移,拉曼位移等于分子的振动频率。不同频率的入射光其拉曼位移是相同的,所以拉曼位移是表征物质分子振动和转动能级、晶格振动特性的一个物理量,是利用拉曼光谱进行物质分子结构分析和定性检查的依据。

对于 Ge 材料,散射峰位、峰形和应变有关[5-9],可以采用以下公式进行计算:

$$\omega(\,\mathrm{cm}^{-1}) = \omega_0 - b \cdot \varepsilon_{//} \tag{2-4}$$

其中,ω_0是体 Ge 峰位,$\omega_0 = 300.2$;b 为应力常数,$b = 400$。通过测得的峰位可以计算外延生长 Si 基 Ge 材料的应变情况。

3. 电子显微镜(TEM 和 SEM)

光学显微镜由于可见光波长的限制,无法分辨尺寸小于 200 nm 的亚显微结构,要提高显微镜的分辨率就必须选择波长更短的光源。而电子束的波长要比可见光和紫外光短得多,并且电子束的波长与电子束的加速电压平方根成反比。因此,以电子束为光源的电子显微镜,可以大大提高分辨率。通过几十年的发展,电子显微镜技术已成为研究微纳米精细结构的重要手段。常用的有TEM 和 SEM,均由电子照明系统、电磁透镜成像系统、真空系统、记录显示系统、电源系统等五部分构成。

TEM 与光学显微镜的成像原理基本一致,所不同的是前者用电子束作光源,用电磁场作透镜[10]。其工作原理是把经加速和磁透镜会聚的电子束投射到非常薄的样品上,电子经过样品时与其中的原子碰撞而改变方向,从而产生立体角散射。散射角的大小与样品的密度、厚度及成分相关,因此可以形成明暗不同的影像。

另外,由于电子束的穿透力很弱,因此用于 TEM 的样品为厚度 50 ~ 100 nm 的薄片。透射电镜的分辨率可达 0.1 ~ 0.2 nm,放大倍数为几万到几十万倍。电子显微镜的放大倍数最高可达近百万倍。

本研究中采用的是荷兰菲利普公司生产的场发射 TEM,型号为 F30 TECNAI FETEM,其加速电压是 300 kV,灯丝为场发射,点分辨率高达 0.2 nm,线分辨率高达 0.1 nm,可观测到晶格结构等信息。

SEM 用于观察样品的表面形貌结构[11]。其工作原理是从电子枪阴极发出的直径为 20 ~ 30 μm 的电子束经加速后,再经过聚光磁透镜及物镜进行会聚缩束,最后缩小成直径几纳米的电子探针。在物镜上部的扫描线圈的作用下,电子探针在样品表面做光栅状扫描并且激发出多种信号,其中包括二次电子、背散射电子、X 射线、吸收电子、俄歇(Auger)电子等。在上述信号中,最主要的是二次电子,它是被入射电子所激发出来的样品原子中的外层电子,产生于样品表面以下几纳米至几十纳米的区域,其产生率主要取决于样品的表面形貌和成分。二次电子由探测体收集并转变为光信号,再经光电倍增管和放大器转变为电信号来控制荧光屏上电子束的强度,显示出与电子束同步的扫描图像。

本研究中采用的是德国 LEO 公司生产的场发射分析型 SEM,型号为 LEO 1530 FESEM。该 SEM 的空间分辨率可达 1.0 nm,可观察纳米级结构的形貌,同时可用配套的能谱仪(EDS)对样品进行成分分析。

4. AFM

AFM 是对样品表面形貌进行研究的重要工具[12],它通过检测样品表面与细微的探针针尖之间的相互作用力来测出样品的表面形貌。根据测试结果可以分析样品 RMS,还能对表面起伏的图形进行宽度、高度、倾斜角度等参数的分析。AFM 利用微悬臂来检测原子间作用力的变化量。将微悬臂一端固定,另一端有微小针尖,针尖与样品表面轻轻接触。由于针尖尖端原子与样品表面原子间存在极微弱的排斥力,通过在扫描时控制这个力的恒定,使得带有针尖的微悬臂对应于针尖与样品表面原子之间作用力的等位面,在垂直于样品的表面方向起伏运动。利用光学检测法或隧道电流检测法,可测得对应于扫描各点的位置变化,将信号放大与转换从而得到样品表面原子级的三维立体形貌图像。测量微悬臂受力弯曲后偏转程度的方式有三种,即隧道电流法、电容检测法和光学检测法。根据样品与针尖之间的接触情况,AFM 有三种工作模式:接触模式(Contact mode)、非接触模式(Non – contact mode)和轻敲模式(Tapping mode)——介于接触模式和非接触模式之间的一种操作模式。本书采用的 AFM 为日本 SⅡ Nano Technology 公司生产的 SPI4000 – SPA400,工作模式为轻敲模式。

5. SIMS

SIMS 是所有表面分析方法中灵敏度最高的一种,可以检测相对浓度低于 10^{-6} 的杂质,在某些情况下,甚至可低于 10^{-9} 数量级,可以检测包括 H、氦(He)在内的周期表中的全部元素及同位素、分子团等,同时具有很高的分辨率(横向空间分辨率 < 50 nm,深度分辨率可以达到 1 个原子层)。所以 SIMS 适合于微区分析、微量分析、有机化学分析,特别适用于半导体材料和器件的痕量杂质分析。其工作原理是:用能量为 30 ~ 500 eV 的一次离子轰击固体表面,使其表面原子激发并溅射出来,溅射出来的颗粒有中性电荷、正电荷和负电荷,利用能量分析器和质量分析器对二次离子不同荷质比进行分离,从而获得固体表面化学组成和化学态的信息[13]。本书中采用 SIMS 测试 Si 基 Ge 材料掺杂浓度。

6. PL 谱

用能量大于半导体禁带宽度的光(常用激光)照射样品表面时,样品中价带电子在吸收了光子后,被激发至激发态,如导带或缺陷能级,产生非平衡载流子。这些载流子向半导体内部扩散过程中,处于激发态的载流子会自发地或是受激地从激发态跃迁到基态。其中,一部分载流子将吸收能量转化成光的形式辐射出来,即辐射复合或是发光;而另一部分载流子则以非辐射的形式将吸收能量转化成其他形式能量(如热能),这个过程称为非辐射复合。因此,当样品被光激发时,用光谱探测系统即可获得它的 PL 谱[14-15]。

PL 谱测试过程如下:激光照射于样品上,样品吸收光子能量发生辐射复合,产生光荧光信号,光荧光被单色仪分光进入光电探测器后被转换成电信号,然后经过放大系统进行信号放大输出,最后由数据采集系统进行数据采集及储存等。

本研究使用的是 FL920 瞬态荧光光谱仪及其配套的液氦冷却循环系统,以及英国 Renishaw 公司生产的共焦显微拉曼光谱仪(Uv - Vis Raman System 1000)的 PL 谱测试功能。

7. EPD

EPD 是一种用来分析材料位错密度和晶体完整性的重要方法,它是通过观察样品经化学腐蚀后表面形貌的变化来进行分析的,主要反应是氧化和腐蚀。腐蚀时,常用硝酸(HNO_3)、过氧化氢(H_2O_2)、臭氧(O_3)、液溴(Br_2)、三氧化铬(CrO_3)、重铬酸钾($K_2Cr_2O_7$)等溶液氧化材料表面层的原子,用氢氟酸(HF)溶液去除表面生成的氧化物,用水(H_2O)、乙酸(CH_3COOH)等对溶液进行稀释[16]。影响腐蚀过程的主要因素有晶体的表面取向、缺陷处的杂质和导电类型。缺陷处的腐蚀速率高于缺陷周围的材料,腐蚀一定时间后,缺陷处的深坑就会被显现出来,结合光学显微镜就可以快速地判断材料的位错分布情况,并估算位错密度的大小。

本书在分析 Si 基 Ge 材料的位错密度时采用的化学腐蚀液为稀释的 Secco 溶液[17],其配比为

$$HF:HNO_3:CH_3COOH:I_2 = 10 \text{ mL}:40 \text{ mL}:100 \text{ mL}:30 \text{ mg}$$

腐蚀速率约 30 nm/s。

通过以上介绍的各种表征方法,我们可以对 Si 基 Ge 材料的性能进行分析:

AFM 可以用来观察生长 Ge 材料的表面形貌和粗糙度,分析生长过程中原子在表面的迁移情况;DC‐XRD 除了可以判定 Ge 材料弛豫度、应变及晶体质量外,其干涉衍射卫星峰还可用于拟合得出 SiGe/Ge 超晶格的厚度及周期均匀性等重要信息;拉曼散射谱可以测量 Ge 材料的应变及弛豫度,并定性判断结晶质量及 Si‐Ge 互扩散等情况;TEM 可以对 Ge 材料的晶体质量、晶格排列、位错分布和 Ge/SiGe 超晶格多层结构等进行直接的观察;SIMS 可以用于检测 Ge 材料的掺杂浓度和杂质扩散情况;PL 谱用于检测 Ge 材料原位 P 掺杂后的掺杂浓度及晶体质量;采用 EPD,结合光学显微镜,可以判定生长出来的 Ge 材料的晶体完整性,并估算其位错密度大小。

2.2　高质量 Si 基 Ge 材料的制备

2.2.1　低温 Ge 缓冲层设计思想

材料平衡生长的三种模式有 FM 模式、VW 模式和 S‐K 模式。在前文中已介绍,此处不再赘述。

对于 Si 和 Ge 来说,由于 Ge—Ge 键比 Si—Si 键弱,Ge 比 Si 具有更小的表面自由能,且 Si、Ge 界面处的表面自由能可以忽略不计,所以 Ge 在 Si 衬底上是以 S‐K 模式生长的,而 Si 在 Ge 或 SiGe 上是以 VW 模式生长的。R. People 等[19]在 1985 年研究外延薄膜临界厚度的理论时,假设当区域应变能密度超过一定距离处产生螺旋位错的应变能密度时,随之会产生界面处的失配位错。这一距离相同的薄膜厚度即为薄膜的临界厚度。与之前的理论不同,他们假设外延薄膜生长的初期,薄膜内部没有位错的存在,当薄膜厚度超过临界厚度之后,界面处的失配位错才产生,这也意味着临界厚度不仅是 FM 生长模式向 VW 生长模式的转变,也标志着薄膜内部位错的出现。理论计算得到的临界厚度小于 1 nm,与试验结果符合较好[20]。J. C. Bean 等在研究 Si 上生长 Ge_xSi_{1-x}/Si 超晶格层时,也得到相似结论:Ge 在 Si 衬底上外延生长,Ge 浸润层可以达到 3～4 原子层(mono‐layers,MLs),0.4～0.5 nm 厚,然后 Ge 薄膜中由于 SiGe 晶格失配造成的应力被释放出来,开始成岛,过渡至 VW 生长。在这一、二维向三维生长模式的转换过程中,Ge 薄膜中所受的压应力被释放出来,减小了内部的弹性势能。随着 Ge 薄膜厚度的增加,Ge 薄膜的表面形态在屋顶型的岛(Huts)、弯顶型的岛(Dome)、大弯顶岛(Superdome)等之间转换。其中,屋顶型 Ge 岛主要在 Ge 薄膜厚度为 5~6 原子层时集中出现,厚度继续增加时,Ge 岛之间出现合并增大,形成较大的 Ge 岛。当然,Ge 外延薄膜的表面形态还与衬底温度和 Ge 材料的沉积速度有关,因为这两个因素会影响到 Ge 原子在 Si 衬底表面的成核过程和迁移率[21]。

近几十年来,不同小组研究了低温 Ge 缓冲层的生长机理并应用于 Si 基 Ge 材料的外延生长。H. C. Luan 等[22]提出了在尽可能低的温度下生长低温 Ge 缓冲层,以避免由于 Si – Ge 晶格失配引起的 S – K 生长模式,阻止表面成岛。同时利用 H 原子作为表面活性剂,在低温时抑制三维岛成核,为后续高温 Ge 层生长提供平整的表面。这种二维平面模式外延生长出 1.0 μm 厚高温 Ge 层的位错密度接近 1.0×10^9 cm^{-2},需要通过 $10 \times \{780\ ℃, 10\ min/900\ ℃, 10min\}$ 循环退火将位错密度降低至 2.0×10^7 cm^{-2}。J. M. Hartmann 等[23]采用相同的方法外延生长 2.5 μm 厚 Ge 外延层也具有较高位错密度,需要通过 $8 \times \{750\ ℃, 10\ min/900\ ℃, 10\ min\}$ 循环退火将位错密度降低至 6.0×10^6 cm^{-2}。图 2 – 2 所示为基于二维平面生长模式外延生长以及理论模型预测不同厚度 Si 基 Ge、SiGe 材料位错密度随厚度的变化情况[24],从图中可以看出生长 Ge 为 200~300 nm 时,位错密度高于 10^8 cm^{-2},即使外延 Ge 厚度达 1.0 μm,通过退火处理后,位错密度仍高于 10^7 cm^{-2},并且退火处理可能会出现 Si 和 Ge 互扩散现象,影响到外延 Ge 的性质等,给器件的性能带来不利影响[18]。通过以上分析,我们发现采用二维平面生长模式的低温 Ge 缓冲层位错密度仍然很高,通过退火降低位错密度时又可能带来不利影响;而且在我们的系统中,由于 Ge 原子的迁移率过高,S – K 三维岛状生长模式未被有效抑制,很难获得表面平整的低温 Ge 缓冲层。尽管降低生长温度可以降低 Ge 原子的迁移率,然而当生长温度过低时,生长速率变得非常缓慢。当生长温度低于 300 ℃ 时,即使长达 10 h 的生长,Ge 层的厚度仍不足 5 nm,不适用于实际应用。因此,我们希望通过改善低温 Ge 缓冲层的生长模式,更好地利用低温 Ge 缓冲层来有效降低高温 Ge 外延层的位错密度。

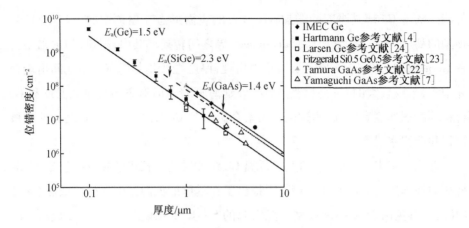

图 2 - 2   试验和理论预测 Si 基 Ge、SiGe 材料位错密度与厚度关系

我们尝试采用 S - K(二维层状 + 三维岛状)模式生长低温 Ge 缓冲层,选择一定厚度的低温 Ge,通过产生失配位错和成岛来释放应力,使其近乎完全弛豫。当继续生长高温 Ge 时,类似于在无晶格失配应力的环境中进行同质外延。高温下 Ge 原子表面迁移率变大,低温 Ge 岛表面能分布不均匀,Ge 原子将向表面积小的位置迁移,使高温 Ge 表面趋向平整;在岛状联合模式外延生长的低温 Ge 缓冲层上,高温 Ge 继续联合和侧向外延生长,使位错弯曲传播,增加不同线位错形成位错环的概率,从而降低高温 Ge 的位错密度。原理如图 2 - 3 所示[25]。

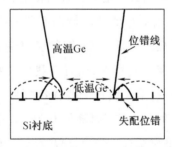

图 2 - 3   低温相干 Ge 岛降低高温 Ge 外延层的原理示意图

2.2.2   低温相干 Ge 岛缓冲层的优化

下面将对低温 Ge 缓冲层进行优化,生长出近乎完全弛豫的低温相干 Ge 岛缓冲层。

低温 Ge 缓冲层技术生长 Si 基 Ge 材料的关键是 Ge 缓冲层生长温度和厚度的选择:生长温度过低,生长速度太慢,周期过长;生长温度过高,表面起伏严重,RMS 增加;生长厚度太薄,在准备生长高温 Ge 层的升温过程中,由于应变弛豫使之积聚成三维岛,造成小部分高温 Ge 层直接生长在 Si 衬底上,并且导致衬底上的 Si 扩散到高温 Ge 层中[26],所以太薄的低温 Ge 层无法限制位错传播和阻止表面起伏;生长厚度太厚,将降低器件的性能(低温结晶质量差,串联电阻、电容较大)。结合我们研究小组之前对低温 Ge 缓冲层温度优化的探索[27],本试验将低温 Ge 缓冲层温度选取为 350 ℃,并生长不同厚度的低温 Ge 缓冲层,来分析优化厚度。

外延生长所用的设备是 UHV/CVD 系统。首先,将 4 英寸[①] n 型 Si(100)衬底(电阻率为 0.1 ~ 1.2 Ω·cm)经过标准的 RCA 清洗后传入预处理室,在 300 ℃的恒温下加热 45 min,除去水气后传入生长室,在保持生长室高真空度的条件下缓慢加热至 900 ℃,并在 900 ℃温度下保持 30 min,以除去表面形成的自然氧化层,获得清洁的生长表面。然后降温到 750 ℃,生长约 300 nm 的 Si 缓冲层,以减小因衬底沾污和表面晶格不完整而对外延层晶体质量产生的影响。随后在 350 ℃下生长不同厚度低温 Ge 缓冲层,通过测试比较优化低温缓冲层的厚度。最后在优化好的低温 Ge 缓冲层上,升温至 600 ℃,生长高温 Ge 外延层。生长过程中,生长室的真空度控制在 10^{-2} Pa 左右,低温 Ge 缓冲层样品的结构如图 2-4 所示。

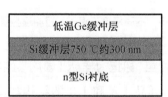

图 2-4　不同厚度低温 Ge 缓冲层结构示意图

对 Ge 样品进行了多手段分析和表征。采用高精度 X 射线衍射仪(HRXRD,英国 Bede 公司 D1 系统,X 射线源为 $Cu_{\kappa_{\alpha 1}}$, $\lambda = 0.154\,06$ nm)和拉曼光谱仪(英国 Renishaw UV - 1000x 型紫外 - 可见共焦显微拉曼光谱仪,Ar[+] 激

---

① 1 英寸(in)=2.54 cm。

光器,波长为514.5 nm)分析样品的组分、应变弛豫度以及结晶质量;采用 AFM
(日本 SⅡ Nano Technology 公司,SPI4000 - SPA400,轻敲模式)和光学显微镜观
察样品的表面形貌;采用 EPD 检测位错分布及密度。

图2-5 是外延生长不同厚度低温 Ge 缓冲层的拉曼光谱,3 个不同厚度样
品的 Ge - Ge 模峰位都位于体 Ge 的 Ge - Ge 模峰位的右侧,说明低温 Ge 均受
到压应变作用,这是由于 Si 和 Ge 较大的晶格失配差引起的。随厚度增加,
Ge - Ge 模峰位逐渐靠近体 Ge 的 Ge - Ge 模峰位,当厚度为 90 nm 时,已非常接
近体 Ge 的峰位,经计算得弛豫度为 99.6%,说明 90 nm 的低温 Ge 缓冲层近乎
完全弛豫。这是因为随着厚度增加,在 Si 和低温 Ge 界面处形成大量失配位错,
使应力得到释放,可以为后续高温 Ge 层生长提供近乎无晶格失配应力的环境,
如同同质外延。因此,低温 Ge 缓冲层厚度宜选取在 90 nm 左右。

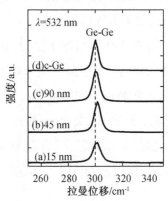

图2-5　不同厚度低温 Ge 缓冲层拉曼光谱

在 90 nm 低温 Ge 缓冲层(标记为样品ⅠA)上,继续生长约 210 nm 高温 Ge
外延层(标记为样品ⅠB),样品ⅠA 和ⅠB 的结构如图 2-6 所示。图 2-7 和
图 2-8 是样品ⅠA 和ⅠB 的表面形貌 AFM 图及原位 RHEED 图案。从图 2-7
(a)和(b)可以看出外延生长的低温 Ge 缓冲层表面呈三维岛状,岛与岛之间相
互联合,RMS 高达 18.41 nm(扫描范围 10 μm × 10 μm);而图 2-7(c)的原位
RHEED 图案中出现点状,说明样品表面为点状或岛状等粗糙结构,与原子力形
貌图结果一致。这是由 Si 和 Ge 较大的晶格失配度引起的,低温 Ge 在 Si 衬底
上首先经历从二维到三维生长的转变,随着生长厚度的增加,Ge 岛长大,且岛
与岛之间联合会形成更大的岛。然而在低温 Ge 缓冲层上外延生长的高温 Ge

层,AFM 形貌图的 RMS 明显降低至 1.6 nm,RHEED 图案中出现清晰的 2×1 条纹,说明与表面变得平整的结果一致。这是因为 Ge 原子在表面能的驱动下,向表面积小的位置迁移,使表面趋向平整。因此,低温相干 Ge 岛缓冲层可以提高 Ge 外延层的表面平整性,生长出的高温 Ge 外延层具有良好的表面平整性。

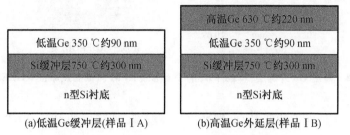

(a)低温Ge缓冲层(样品ⅠA)　　　　(b)高温Ge外延层(样品ⅠB)

图 2-6　外延生长样品的结构示意图

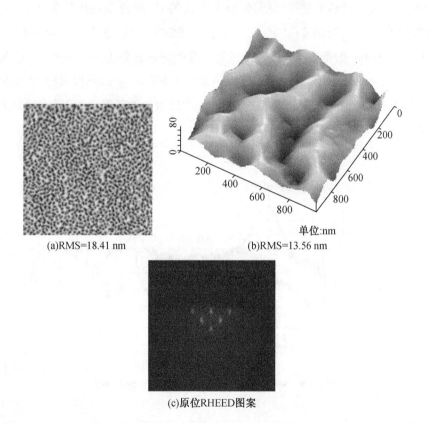

(a)RMS=18.41 nm　　　　(b)RMS=13.56 nm

(c)原位RHEED图案

图 2-7　低温 Ge 缓冲层(样品ⅠA)的表面形貌 AFM 测试图及原位 RHEED 图案

(a)AFM测试图   (b)原位RHEED图案

图 2 - 8   高温 Ge 外延层(样品ⅠB)的表面形貌 AFM 测试图及原位 RHEED 图案

图 2 - 9 是生长的低温 Ge 缓冲层和高温 Ge 外延层的 DC - XRD 摇摆曲线图。厚度约为 90 nm 的低温 Ge 样品 Ⅰ A ,Ge 衍射峰半高宽高达 1 200 arc sec[①]。峰形不对称,说明低温下生长的 Ge 的薄膜晶体质量较差,计算弛豫度为 99.3% ,与图 2 - 5 的拉曼光谱计算结果一致,这进一步证明在 Si 衬底上生长 90 nm 的低温 Ge 缓冲层接近完全弛豫。在低温 Ge 缓冲层上生长高温 Ge 外延层的样品 Ⅰ B,Ge 衍射峰半高宽仅为 508 arc sec,峰形对称,无明显的 Si - Ge 互扩散,说明采用低温相干 Ge 岛缓冲层生长的高温 Ge 层具有良好的晶体质量。

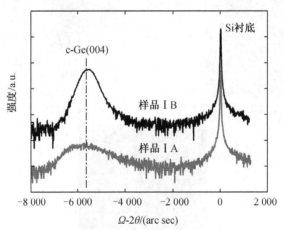

图 2 - 9   样品Ⅰ A 和Ⅰ B 的 DC - XRD 摇摆曲线

图 2 - 10 是样品Ⅰ B 横截面 TEM 扫描图,可以清楚地看到 Si 基 Ge 材料的

————————

① 1 arc sec = 0.015 92°。

横截面及位错密度分布情况。大部分的失配位错产生在 Si 衬底和低温 Ge 缓冲层的界面处,部分位错通过低温 Ge 缓冲层穿透至高温 Ge 外延层表面。为了进一步研究样品 ⅠB 的位错密度情况,采用 EPD 检测样品的位错密度大小,试验用到 Secco 溶液,配比为 $HF:HNO_3:CH_3COOH:I_2 = 10\ mL:40\ mL:100\ mL:30\ mg$,腐蚀后 Ge 表面在光学显微镜下观测的结果如图 2-11 所示。图中箭头所指为位错腐蚀坑,对不同区域测量结果进行平均得到该高温 Ge 层的位错密度为 $1.60 \times 10^7\ cm^{-2}$,这与图 2-2 试验结果和理论预测结果相比较,可发现同等厚度下,外延生长 Ge 外延层具有更低位错密度(低 1~2 个数量级),说明采用低温相干 Ge 岛缓冲层有利于减小 Si 基 Ge 外延层的位错密度。这可能是因为产生在 Si 衬底和低温 Ge 界面处的失配位错会穿透至低温 Ge 的表面,当生长高温 Ge 时,高温 Ge 继续联合并侧向外延生长,使位错弯曲传播,部分线位错形成位错环而湮灭,从而使位错密度减小。

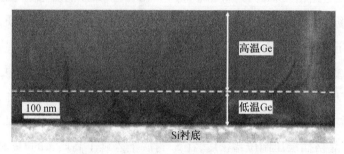

图 2-10　样品 ⅠB 横截面 TEM 扫描图

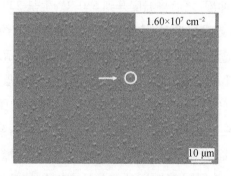

图 2-11　样品 ⅠB 经 Secco 溶液腐蚀后的表面形貌光学显微镜图

然而,由于产生在 Si 衬底和低温 Ge 界面处的部分失配位错会通过低温 Ge 层继续穿透到高温 Ge 外延层里(图 2-10),因此制备较薄的高温 Ge 材料时,位错密度仍然很高（$10^7 \, cm^{-2}$ 量级），不能满足高性能制备的需求。所以在采用低温相干 Ge 岛缓冲层的基础上，有必要继续研究其他的方法来压制位错，阻止位错向表面传播，使 Ge 材料的位错密度进一步减小，表面更加平滑。

2.2.3 SiGe/Ge 超晶格插层改善 Si 基 Ge 材料质量

通过晶格失配产生应力，推动位错运动并反应，使位错湮灭或把位错线分量推向样品边缘，是减小位错密度的有效方法。人们在 Si 衬底上外延生长 Ge 材料时，通过插入 SiGe 单层或组分渐变缓冲层来产生应力，压制位错向上传播，例如 J. Nakatsuru 等[28] 和 T. H. Loh 等[29] 提出在生长低温 Ge 缓冲层之前先生长一层超薄低温 SiGe 层（SiGe 层中 Ge 的组分为 0.2 ~ 0.5，厚度为 5 ~ 30 nm），使 Ge 层的位错密度降低。N. A. El-Masry 等[30-31] 采用插入 InGaAa - GaAsP 应变超晶格（Strained layered superlattices, SLSs）的方法，发现超晶格产生的应力场使位错消失或弯曲在界面处，结果在 Si 衬底上生长高质量的 GaAs 材料。J. Zhou 等[32] 结合双低温缓冲层和应变超晶格优势，得到高质量的 InP - on - GaAs 复合衬底。SiGe/Ge 超晶格不仅因 SiGe 和 Ge 之间晶格失配产生应力，能调节位错传播，而且多层结构可以使其在整个过程中不断重复，起到更好的压制位错效果。因此，本节中我们在低温 Ge 缓冲层技术的基础上结合 SiGe/Ge超晶格插层压制位错密度，在 Si 衬底上外延了高质量的 Ge 材料。

生长时，首先在 750 ℃下生长 300 nm 的 Si 缓冲层，然后在 350 ℃下生长 90 nm 的低温 Ge 缓冲层，之后将温度升到 630 ℃，生长 220 nm 的高温 Ge 层及 3 个周期的 SiGe/Ge 超晶格插层，最后在超晶格层上生长约 880 nm 的 Ge 外延层。得到的样品标记为ⅡA，其结构示意图如图 2 - 12 所示。

为了分析样品ⅡA 的晶体质量及确定超晶格中 SiGe 层的组分、应变和厚度等信息，测试了样品(004)面的 DC - XRD 摇摆曲线图，如图 2 - 13 所示。从图中可清楚地看到衬底 Si 的峰位和 Ge 层的峰位，还可以看到多个 SiGe 卫星峰，这说明超晶格的界面清晰，周期均匀；Ge 和 SiGe 衍射峰的半高宽分别仅为 273 arc sec 和 307 arc sec，这说明样品ⅡA 具有较高的晶体质量。结合 Ge 和 SiGe 衍射峰位的拟合和动力学模拟得到样品中 Ge 受到的张应变为 0.13%，SiGe/Ge 超晶格中 SiGe 层的 Ge 组分为 0.88，应变为 0.57%，SiGe 和 Ge 的厚度分别为 14.3 nm 和 8 nm。

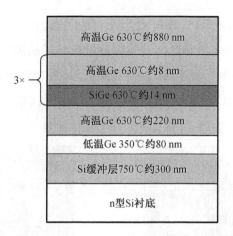

图 2 - 12　Si 基 Ge 材料(样品 ⅡA)生长结构示意图

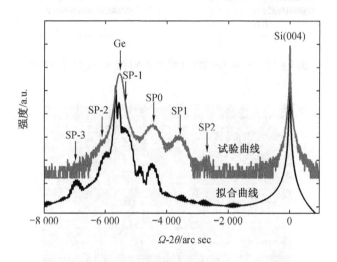

图 2 - 13　Si 基 Ge 材料(样品 ⅡA)的 DC - XRD 摇摆曲线

图 2 - 14 是样品ⅡA 的 AFM 表面形貌图,可见样品表面非常平整,10 μm ×
10 μm 的扫描范围下,RMS 仅为 0. 72 nm,与样品 Ⅰ B 相比粗糙度更小,表面更
加平滑。为了更加直观地表征样品 ⅡA 中超晶格层结构分布、位错分布情况及
晶体质量等信息,测试了样品的横截面 TEM 扫描图,如图 2 - 15 所示。从图中
可以清晰地看到超晶格界面,周期均匀,晶体质量较好;大部分失配位错分布在
Si 衬底和低温 Ge 缓冲层的界面处,少量穿透到高温 Ge 层中,然而穿到高温 Ge
层的位错又被 SiGe/Ge 超晶格压制,使穿透至 Ge 外延层的位错进一步减少。
可见采用超晶格插层可以很好地压制穿透上来的位错,因为在高温 Ge 上生长小于临界厚度的 SiGe 层时,SiGe 层受到一定的应力作用,当位错穿透到 SiGe 层时,会使线位错弯曲成环或把位错的线分量拉向样品边缘,这在超晶格周期结构的整个生长过程中不断重复[33],从而降低 Ge 外延层的位错密度。所以采用 SiGe/Ge 超晶格可以有效压制位错密度向上传播,从而减少外延层的位错密度,使外延生长出的 Si 基 Ge 材料具有较高的晶体质量。

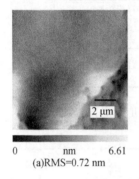

| 0 | nm | 6.61 |

(a)RMS=0.72 nm

| 0 | nm | 1.49 |

(b)RMS=0.24 nm

图 2－14　Si 基 Ge 材料(样品ⅡA)的 AFM 表面形貌图

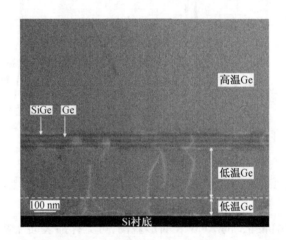

图 2－15　Si 基 Ge 材料(样品ⅡA)横截面 TEM 扫描图

为了进一步研究样品ⅡA 的位错密度情况,采用 EPD 检测样品的位错密度大小,试验也用到 Secco 溶液,配比为 $HF:HNO_3:CH_3COOH:I_2 = 10$ mL:40 mL:100 mL:30 mg,腐蚀不同深度后的 Ge 材料表面在光学显微镜下观测的结果如图 2－16 所示。图 2－16(a)是表层高温 Ge 腐蚀约 555 nm 后的表面位错坑图,位错密度仅约 1.49×10^6 cm^{-2};图 2－16(b)是表层高温 Ge 腐蚀约 800 nm 后的表面位错坑图,位错密度仅约 $1.53 \times 10^6 \, cm^{-2}$;图 2 – 16(c)是把表层的高温 Ge 和超晶格都腐蚀掉后高温 Ge 层的表面位错坑图,对不同区域测量结果进行平均得到该高温 Ge 层的位错密度大于 $10^8 \, cm^{-2}$。由腐蚀结果看出,超晶格上 Ge 的位错密度减小两个数量级,腐蚀结果和 TEM 扫描图表明的结果相吻合。这进一步证明采用 SiGe/Ge 超晶格插层的方法可以有效压制位错密度,使超晶格上的高温 Ge 外延层位错密度进一步减小。

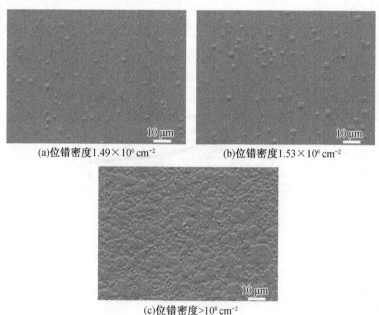

(a)位错密度 $1.49 \times 10^6 \, cm^{-2}$　　(b)位错密度 $1.53 \times 10^6 \, cm^{-2}$

(c)位错密度 $>10^8 \, cm^{-2}$

图 2 – 16　样品ⅡA 经 Secco 溶液腐蚀不同厚度后的表面形貌光学显微镜图

图 2 – 17 显示了样品和体 Ge 材料的室温 PL 谱。发光峰位均位于 0.8 eV(对应波长 1 540 nm)附近,应来自于 Ge 的直接带跃迁发光。与体 Ge 材料的光致发光谱相比,一方面,外延 Ge 层的发光谱峰位由于 Ge 层中的张应变引起的直接带隙宽度的减少而发生红移[34];另一方面,发光强度由于直接带和间接带差的减少而增强[35]。该结果进一步表明制备的样品具有较高的结晶质量。

综上所述,采用低温 Ge 缓冲层技术,首先在 Si 衬底上外延一层低温相干 Ge 岛缓冲层,由于低温下生长的 Ge 层点缺陷较多,可以释放应力,易于应力弛豫和位错湮灭,因此生长出弛豫度高的 Ge 缓冲层,为后续高温 Ge 生长提供近似于同质外延的条件,通过高温 Ge 继续联合和侧向外延生长,使位错弯曲传播或形成位错环,减小位错密度。然后采用 SiGe/Ge 超晶格插层方法,通过应力推动位错运动并反应,起到压制和阻止位错继续向表面传播的作用,从而进一步减小高温 Ge 外延层的位错密度。通过以上试验的表征结果和分析,得出采用低温相干 Ge 岛缓冲层技术,并结合 SiGe/Ge 超晶格插层压制位错密度的方法,可以在 Si 衬底上外延生长出高质量的 Ge 材料。

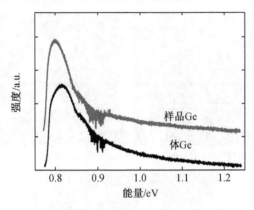

图 2 - 17   样品的室温 PL 谱

2.3 本 章 小 结

本章我们采用低温相干 Ge 岛缓冲层技术外延生长 Ge 材料,可以获得较低位错密度;在此基础上结合 SiGe/Ge 多超晶格插层压制位错密度的方法,可以进一步减小位错密度。结合这两种方法制备出厚度为 880 nm 的 Ge 外延层的位错密度约为 1.49×10^6 cm^{-2},AFM 测得 10 μm × 10 μm 范围内 RMS 低至 0.72 nm。

参 考 文 献

[1] 成步文,薛春来,罗丽萍,等. Si 衬底上 Ge 材料的 UHVCVD 生长[J]. 材料科学与工程学报, 2009, 27(1): 118-120.

[2] 许振嘉. 半导体的检测与分析 [M]. 北京:科学出版社,2007.

［3］ WARREN B E. X-ray diffraction［M］. State of Michigan：General Publishing Company, 1990.

［4］ TAN Y H, TAN C S. Growth and characterization of germanium epitaxial film on silicon（001）using reduced pressure chemical vapor deposition［J］. Thin Solid Films, 2012, 520（7）：2711-2716.

［5］ 盛篱,蒋最敏,陆昉,等. 硅锗超晶格及低维量子结构［M］. 上海：上海科学技术出版社, 2004.

［6］ ALONSO M I, WINER K. Raman spectra of c-$Si_{1-x}Ge_x$ alloys［J］. Physics Review B Condensed Matter, 1989, 39（14）：10056-10062.

［7］ TEMPLE P A, HATHAWAY C E. Multiphonon raman spectrum of silicon ［J］. Physics Review B Condensed Matter, 1973, 7（8）：3685-3697.

［8］ TSANG J C, MOONEY P M, DACOL F, et al. Measurements of alloy composition and strain in thin Ge_xSi_{1-x} layers［J］. Journal Applied Physics, 1994, 75（12）：8098-8108.

［9］ WEINSTEIN B A, CARDONA M. Second-order raman spectrum of germanium ［J］. Physics Review B Condensed Matter, 1973, 7（6）：2545-2551.

［10］ 周玉. 材料分析方法［M］. 北京：机械工业出版社, 2004.

［11］ 孙福玉,廖乾初, 蓝芬兰. 扫描电镜分析技术与应用［M］. 北京：机械工业出版社, 1990.

［12］ 马荣骏. 原子力显微镜及其应用［J］. 矿冶工程,2005,25（4）:62-65.

［13］ 田春生.二次离子质谱仪（SIMS）的原理及应用［J］. 中国集成电路, 2005（8）：74-78.

［14］ 王华馥, 吴自勤.固体物理实验方法 ［M］. 北京：高等教育出版社, 1990.

［15］ CHENG T H, PENG K L, KO C Y, et al. Strain-enhanced photoluminescence from Ge direct transition ［J］. Applied Physics Letters, 2010, 96 （21）：211108.

［16］ ARAGONA F S. Dislocation etch for（100）planes in silicon ［J］. Journal Electrochemical Society, 1972, 119（7）：948-951.

［17］ LUAN H C, LIM D R, LEE K K, et al. High-quality Ge epilayers on Si with low threading-dislocation densities[J]. Applied Physics Letters, 1999, 75(19): 2909-2911.

[18] COPEL M, REUTER M C, KAXIRAS E, et al. Surfactants in epitaxial growth [J]. Physics Review Letters, 1989, 63(6): 632-635.

[19] PEOPLE R, BEAN J C. Calculation of critical layer thickness versus lattice mismatch for Ge_xSi_{1-x}/Si strained-layer heterostructures [J]. Applied Physics Letters, 1985, 47(3): 322-324.

[20] BEAN J C, FELMAN L C, FIORY A T, et al. Ge_xSi_{1-x}/Si strained layer superlattice growth by molecular beam epitaxy [J]. Journal Vacuum Science Technology, 1984, 2(2):436-440.

[21] STEINFORT A J, SCHOLTE P M L O, ETTEMA A, et al. Strain in nanoscale germanium hut clusters on Si(100) studied by X-ray diffraction [J]. Physics Review Letters, 1996, 77(10):2009-2012.

[22] LUAN H C, LIM D R, LEE K K, et al. High-quality Ge epilayers on Si with low threading-dislocation densities[J]. Applied Physics Letters, 1999, 75(19): 2909-2911.

[23] HARTMANN J M, DAMLENCOURT J F, BOGUMILOWICZ Y, et al. Reduced pressure-chemical vapor deposition of intrinsic and doped Ge layers on Si(001) for microelectronics and optoelectronics purposes [J]. Journal Crystal Growth, 2005, 274(1/2): 90-99.

[24] WANG G, LOO R, SIMOEN E, et al. A model of threading dislocation density in strain-relaxed Ge and GaAs epitaxial films on Si(100) [J]. Applied Physics Letters, 2009, 94(10): 102115.

[25] HUANG S H, LI C, ZHOU Z W, et al. Depth-dependence of dislocation density in epitaxial Ge layer on Si substrate with a low temperature self-patterned Ge coalescence islands template [J]. Thin Solid Film, 2012, 520 (3): 2307-2310.

[26] SHIN K W, KIM H W, KIM J, et al. The effects of low temperature buffer layer on the growth of pure Ge on Si(001) [J]. Thin Solid Film, 2010, 518(10): 6496-6499.

［27］ 周志文. Si 基 SiGe、Ge 弛豫衬底生长及其 Ge 光电探测器研制［D］. 厦门:厦门大学,2009.

［28］ NAKATSURU J, DATE H, MASHIRO S,et al. Growth of high quality Ge epitaxial layer on Si(100) substrate using ultra thin $Si_{0.5}Ge_{0.5}$ buffer ［J］. Mater Res Soc Symp Proc, 2006, 891:EE07-24. 01-EE07-24. 06.

［29］ LOH T H, NGUYEN H S, TUNG C H, et al. Ultrathin low temperature SiGe buffer for the growth of high quality Ge epilayer on Si (100) by ultrahigh vacuum chemical vapor deposition ［J］. Applied Physics Letters, 2007, 90(9):092108.

［30］ EL-MASRY N A, TARN J C, KARAM N H. Interactions of dislocations in GaAs grown on Si substrate with InGaAa-GaAsP strained layered superlattices ［J］. Journal Applied Physics, 1988, 64:3672

［31］ EL-MASRY N A,TARN J C,KARAM N H. Effectiveness of strained-layer superlattices in reducing defects in GaAs epilayers grown on silicon substrates ［J］. Journal Applied Physics,1987, 64(7):3672.

［32］ ZHOU J, REN X M, HUANG Y Q, et al. Growth of high-quality InP-on-GaAs quasi-substrates using double low-temperature buffers and strained layer superlattices by MOCVD ［J］. Journal Semicond, 2008 (29): 1855-1859.

［33］ LEGOUES F K, MEYERSON B S, MORAR J F. Anomalous strain relaxation in SiGe thin films and superlattices［J］. Physics Review Letters, 1991, 66 (22):2903-2906.

［34］ LI C, CHEN Y H, ZHOU Z W, et al. Enhanced photoluminescence of strained Ge with a δ-doping SiGe layer ［J］. Applied Physics Letters, 2009, 95(25):251102.

［35］ ISHIKAWA Y, WADA K, LIU J F, et al. Strain-induced enhancement of near-infrared absorption in Ge epitaxial layers grown on Si substrate ［J］. Journal Applied Physics,2005,98(1):013501.

第 3 章　Si 基 Ge 材料的原位掺杂

如绪论所述,Si 基 Ge 材料已经广泛应用于微电子和光电子领域一些关键器件,如 Ge MOSFET、Ge 探测器、Ge 发光二极管(LED)等。在这些器件的研制过程中,Ge 的掺杂是器件工艺中的重要环节。在掺杂的方法中,离子注入是常用的方法,采用离子注入对晶体质量的损伤需要经过高温处理得到改善。采用原位掺杂可以避免离子注入等方法带来的不利影响,且能够通过控制气体流量来控制 Ge 材料的掺杂浓度,更有利于获得陡峭的掺杂界面。在本章中,我们首先提出了一个 Si 基 Ge 材料中 B 和 P 的原位掺杂模型;并在生长温度为 630 ℃ 时以 B_2H_6 和 PH_3 为源气体,对 Si 基 Ge 材料进行 p 型和 n 型的原位掺杂,研究了材料的掺杂浓度和生长速率随源气体流量的变化情况;把生长温度降到 500 ℃,分析了原位 P 掺杂 Ge 材料中的应变、掺杂浓度和晶体质量对原位 P 掺杂 Ge 材料 PL 谱的影响;最后研究了退火对原位 P 掺杂 Ge 材料性质的影响。

3.1　Si 基 Ge 原位掺杂 B 和 P 的理论模型

构建理论模型有助于理解原位掺杂的过程和研究有效提高掺杂浓度的途径。在这一节中,将建立一个 Ge 材料外延生长中原位掺杂 B 和 P 的模型。参考 M. Tao[1] 及其合作者在研究 Si 中原位掺杂 B 和 P 所用的模型,他们用同一模型成功地分析了 SiH_4 的化学气体沉积[2] 和 SiH_4 及 GeH_4 的光化学气相沉积[3]过程。由于 Ge 和 Si 属于同一主族元素,GeH_4 和 SiH_4 的化学性质接近,所以可以借鉴这一模型来研究 Ge 生长中原位掺杂 B 和 P 的问题。

3.1.1　模型建立

对于 Si 基 Ge 材料的超高真空 CVD(UHV/CVD)生长,参考文献[4]中的试验结果,认为生长温度低于 450 ℃,Ge 的生长受表面化学反应控制,生长速率主要受生长温度控制,并随生长温度升高而增加;当生长温度高于450 ℃时,生长表面的反应率已经很高,生长主要受控于流量控制的反应物数量,进入质量传输的生长区域。M. Tao 及其合作者的模型基于以下理论:异质元素分子的碰撞理论(理想气体运动论)、统计物理和竞争性吸附。该模型考虑了同质和异质反应过程,包括了反应物和掺杂剂以及它们的同质分解产物,还有四种类型的表面生长点(以 Ge 的掺杂为例),即 H 占据的 Ge 和掺杂剂的表面生长点,以及无 H 的 Ge 和掺杂剂的表面生长点。分析这些反应过程以期得到掺杂浓度和生长速率随生长温度和掺杂剂分压(试验中表现为流量)的变化关系。

综合文献中的理论,可以得到反应气体前驱物(Precursor)的气体流量,也就是单位时间内到达单位面积衬底发生碰撞并被分解的前驱物数量:

$$J = \frac{p}{(2\pi mkT)^{\frac{1}{2}}}\left(\frac{E_a}{kT}+1\right)\exp\left(-\frac{E_a}{kT}\right) \qquad (3-1)$$

其中,$\dfrac{p}{(2\pi mkT)^{\frac{1}{2}}}$ 和 $\left(\dfrac{E_a}{kT}+1\right)\exp\left(-\dfrac{E_a}{kT}\right)$ 分别代表反应物单位气压下的碰撞率和被分解参与反应的概率,而 p、m 和 E_a 则分别为分压、相对分子质量和激活能。

参考硼烷(BH_3)在 Si(100)表面的分解,一般认为在气相中

$$B_2H_6(g)\longrightarrow 2BH_3(g) \qquad [R1]$$

GeH_4 和 BH_3 的吸附带给表面 H 原子,将影响到表面 H 的覆盖率和 Ge 的生长速率。生长示意图如图 3-1 所示。两种反应前驱物意味着四种表面生长点,即 H 占据的 Ge 和 B 生长点,以及没有 H 的 Ge 和 B 生长点,一共要考虑八种表面生长反应类型,见表 3-1。

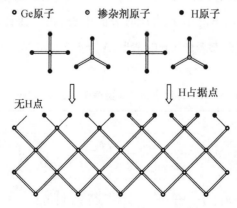

图 3-1　以 GeH_4 和 BH_3 为反应物的 p 型掺杂中的异质反应示意图

表 3 – 1 以 GeH$_4$ 和 BH$_3$ 为反应物的 p 型掺杂中的异质反应

定义	描述	反应式	反应式序号
$J_{\text{GeH}_4 \text{ on Ge}}$	GeH$_4$ 流量在 Ge 点	$\text{GeH}_4(\text{g}) + 2\text{—Ge}(\text{s}) \longrightarrow \text{H}_3\text{Ge—Ge}(\text{s}) + \text{H—Ge}(\text{s})$	[R2]
$J_{\text{GeH}_4 \text{ on H—Ge}}$	GeH$_4$ 流量在 H—Ge 点	$\text{GeH}_4(\text{g}) + \text{H—Ge}(\text{s}) \longrightarrow \text{H}_3\text{Ge—Ge}(\text{s}) + \text{H}_2(\text{g})$	[R3]
$J_{\text{GeH}_4 \text{ on B}}$	GeH$_4$ 流量在 B 点	$\text{GeH}_4(\text{g}) + \text{—B}(\text{s}) + \text{—Ge}(\text{s}) \longrightarrow \text{H}_3\text{Ge—B}(\text{s}) + \text{H—Ge}(\text{s})$	[R4]
$J_{\text{GeH}_4 \text{ on H—B}}$	GeH$_4$ 流量在 H—B 点	$\text{GeH}_4(\text{g}) + \text{H—B}(\text{s}) \longrightarrow \text{H}_3\text{Ge—B}(\text{s}) + \text{H}_2(\text{g})$	[R5]
$J_{\text{BH}_3 \text{ on Ge}}$	BH$_3$ 流量在 Ge 点	$\text{BH}_3(\text{g}) + \text{—Ge}(\text{s}) \longrightarrow \text{H}_3\text{B—Ge}(\text{s})$	[R6]
$J_{\text{BH}_3 \text{ on H—Ge}}$	BH$_3$ 流量在 H—Ge 点	$\text{BH}_3(\text{g}) + \text{H—Ge}(\text{s}) \longrightarrow \text{H}_2\text{B—Ge}(\text{s}) + \text{H}_2(\text{g})$	[R7]
$J_{\text{BH}_3 \text{ on B}}$	BH$_3$ 流量在 B 点	$\text{BH}_3(\text{g}) + \text{—B}(\text{s}) \longrightarrow \text{H}_3\text{B—B}(\text{s})$	[R8]
$J_{\text{BH}_3 \text{ on H—B}}$	BH$_3$ 流量在 H—B 点	$\text{BH}_3(\text{g}) + \text{H—B}(\text{s}) \longrightarrow \text{H}_2\text{B—B}(\text{s}) + \text{H}_2(\text{g})$	[R9]

参照 Si 中掺杂 B 的情形:与 H 占据的 Si 和 B 生长点反应的激活能大于与没有 H 的 Ge 和 B 生长点反应的激活能,所以忽略与 H 占据的 Si 和 B 生长点反应的气体流量。同样,忽略与 H 占据的 Ge 和 B 生长点反应的气体流量,可以得到 Ge 和 B 的总气体流量:

$$J_{\text{Ge}} = J_{\text{GeH}_4 \text{ on Ge}} + J_{\text{GeH}_4 \text{ on H—Ge}} + J_{\text{GeH}_4 \text{ on B}} + J_{\text{GeH}_4 \text{ on H—B}} \approx J_{\text{GeH}_4 \text{ on Ge}} + J_{\text{GeH}_4 \text{ on B}} \quad (3-2)$$

$$J_{\text{B}} = J_{\text{BH}_3 \text{ on Ge}} + J_{\text{BH}_3 \text{ on H—Ge}} + J_{\text{BH}_3 \text{ on B}} + J_{\text{BH}_3 \text{ on H—B}} \approx J_{\text{BH}_3 \text{ on Ge}} + J_{\text{BH}_3 \text{ on B}} \quad (3-3)$$

根据式(3 – 1),可以得到关于 Ge 和 B 主要气体流量的表达式,列于表 3 – 2 中。在这些式子中,$\theta_{\text{H(Ge)}}$ 和 $\theta_{\text{H(B)}}$ 分别代表 H 占据的 Ge 生长点占总的 Ge 生长点的比例,以及 H 占据的 B 生长点占总的 B 生长点的比例;p_{GeH_4}、m_{GeH_4}、p_{BH_3}、m_{BH_3} 分别代表 GeH$_4$ 的分压、GeH$_4$ 的相对分子质量、BH$_3$ 的相对分压、BH$_3$ 的相对分子质量;而 γ 表示 B 生长点占所有表面生长点的比例,$\gamma = [\text{B}]/N_0$,N_0 是 Ge 材料中的原子密度,参考体 Ge 的情形,$N_0 = 4.5 \times 10^{22} \text{ cm}^{-3}$。

表 3 – 2 以 GeH$_4$ 和 BH$_3$ 为反应物的 p 型掺杂中主要的 Ge 和 B 的气体流量

流量	公式	公式序号
$J_{\text{GeH}_4 \text{ on Ge}}$	$(1-\gamma)(1-\theta_{\text{H(Ge)}}) \dfrac{p_{\text{GeH}_4}}{(2\pi m_{\text{GeH}_4} kT)^{\frac{1}{2}}} \left(\dfrac{E_{\text{GeH}_4 \text{ on Ge}}}{kT} + 1 \right) \exp\left(-\dfrac{E_{\text{GeH}_4 \text{ on Ge}}}{kT} \right)$	(3 – 4)
$J_{\text{GeH}_4 \text{ on B}}$	$\gamma(1-\theta_{\text{H(B)}}) \dfrac{p_{\text{GeH}_4}}{(2\pi m_{\text{GeH}_4} kT)^{\frac{1}{2}}} \left(\dfrac{E_{\text{GeH}_4 \text{ on B}}}{kT} + 1 \right) \exp\left(-\dfrac{E_{\text{GeH}_4 \text{ on B}}}{kT} \right)$	(3 – 5)

表3-2(续)

流量	公式	公式序号
$J_{BH_3\,on\,Ge}$	$(1-\gamma)(1-\theta_{H(Ge)})\dfrac{p_{BH_3}}{(2\pi m_{BH_4}kT)^{\frac{1}{2}}}\left(\dfrac{E_{BH_3\,on\,Ge}}{kT}+1\right)\exp\left(-\dfrac{E_{BH_3\,on\,Ge}}{kT}\right)$	(3-6)
$J_{BH_3\,on\,B}$	$\gamma(1-\theta_{H(B)})\dfrac{p_{GeH_3}}{(2\pi m_{GeH_3}kT)^{\frac{1}{2}}}\left(\dfrac{E_{GeH_3\,on\,B}}{kT}+1\right)\exp\left(-\dfrac{E_{GeH_3\,on\,B}}{kT}\right)$	(3-7)

必须考虑表面 H 的覆盖,才能更好地理解 Ge 外延生长中的掺杂。GeH_4 吸附带来 H 原子并夺去表面的 H 原子完成脱附,如图 3-2 所示。所以,必然有一个 GeH_4 吸附分解与表面 H 原子脱附的动态平衡过程,见表 3-3。反应[R12]的静态常数为

$$K = \frac{(1-\theta_{H(Ge)})^2 p_{GeH_4}^2}{p_{H_2}\theta_{H(Ge)}^2} = A\exp\left(-\frac{\Delta H}{kT}\right)$$ (3-8)

其中,A 是系数;ΔH 是反应的焓;p_{H_2} 是 H_2 的分压。

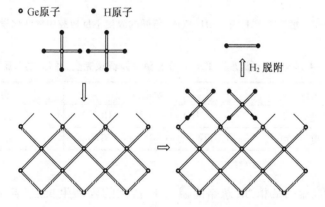

图 3-2　GeH_4 在 Ge 表面吸附和脱附示意图

表 3-3　表面 H 覆盖模型中的 H 吸附和 H_2 的脱附

描述	反应式	反应式序号
H_2脱附	$2H{-}Ge(s)\longrightarrow 2{-}Ge(s)+H_2$	[R10]
GeH_4吸附	$GeH_4(g)+2{-}Ge(s)\longrightarrow H_3Ge{-}Ge(s)+H{-}Ge(s)$	[R11]
[R10]+[R11]	$2GeH_4(g)+2{-}Ge(s)\longrightarrow 2H_3Ge{-}Ge(s)+2H_2$	[R12]

相对于 p 型掺杂，Ge 中的 n 型掺杂相对复杂一些，因为 PH_3 在不同温度下可能裂解为多种不同含 P 反应物，而不同的含 P 反应物作用不同，必须分别讨论。如参考文献[4]中对残余气体分析(图 3-3)得知，当生长温度≤550 ℃时，主要产物为 PH 和 H_2；当生长温度>550 ℃时，产物主要为 P_2 和 H_2。以参考文献[4]中的数据为参考，表 3-4 列出 PH_3 同质分解物及假设完全分解时的分压关系。

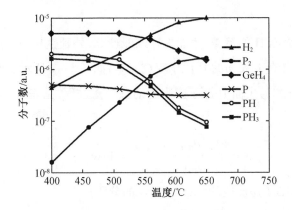

图 3-3　恒定的 PH_3 和 GeH_4 气流、不同的温度下反应腔中气体化学成分

表 3-4　不同生长温度下 PH_3 同质分解物及假设完全分解时的分压关系

条件	反应式	分压
生长温度≤550 ℃	$2PH_3(g) \longrightarrow 2PH + H_2(g)$	$p_{PH_3} = p_{PH}$
生长温度>550 ℃	$2PH_3(g) \longrightarrow P_2(g) + 3H_2(g)$	$p_{PH_3} = 2p_{P_2}$

先讨论高温时的情况，忽略高温时 H 占据的表面生长点(高温时 H 已释出)，由于存在四种反应前驱物 GeH_4、PH_3、PH、P_2 和无 H 的 Ge 和 P 两种表面生长点，所以总共有六种反应，见表 3-5。

表 3-5　高温时以 GeH_4 和 PH_3 为反应物的 n 型掺杂中的异质反应

定义	描述	反应式	公式序号
$J_{GeH_4\ on\ Ge}$	GeH_4 流量在 Ge 点	$GeH_4(g) + 2—Ge(s) \longrightarrow H_3Ge—Ge(s) + H—Ge(s)$	[R13]
$J_{GeH_4\ on\ P}$	GeH_4 流量在 P 点	$GeH_4(g) + —P(s) + —Ge(s) \longrightarrow H_3Ge—P(s) + H—Ge(s)$	[R14]

表 3 – 5(续)

定义	描述	反应式	反应式序号
$J_{PH_3\ on\ Ge}$	PH_3 流量在 Ge 点	$PH_3(g) + —Ge(s) \longrightarrow H_3P—Ge(s)$	[R15]
$J_{P_2\ on\ Ge}$	P_2 流量在 Ge 点	$P_2(g) + 2—Ge(s) \longrightarrow 2P—Ge(s)$	[R16]
$J_{PH_3\ on\ P}$	PH_3 流量在 P 点	$PH_3(g) + —P(s) \longrightarrow H_3P—P(s)$	[R17]
$J_{P_2\ on\ P}$	P_2 流量在 P 点	$P_2(g) + —P(s) + —Ge(s) \longrightarrow P—P(s) + P—Ge(s)$	[R18]

当生长温度较大地超过了临界值(如参考文献[4]中的 550 ℃)时,PH_3 裂解的产物主要为 P_2 和 H_2。由于 P_2 占据了表面的反应点,阻碍了后继到达 Ge 反应物的吸附[5],可以假设 $J_{GeH_4\ on\ P} \approx 0$(这也就是所谓的 P 封闭反应(Block reaction));而相关研究已表明,在 P 生长点上的任何 P 流量均可忽略[6]。可以得到 Ge 和 P 的总气体流量为

$$J_{GeH_4} = J_{GeH_4\ on\ Ge} \tag{3-9}$$

$$J_P = J_{PH_3\ on\ Ge} + J_{P_2\ on\ Ge} \tag{3-10}$$

按照式(3 – 1),Ge 和 P 主要气体流量的表达式列于表 3 – 6 中。表中 p_{GeH_4}、p_{PH_3}、p_{P_2} 和 m_{GeH_4}、m_{PH_3}、m_{P_2} 代表各种反应物各自分压和相对分子质量;而 γ 表示 P 生长点占所有表面生长点的比例,$\gamma = [P]/N_0$,N_0 是 Ge 材料中的原子密度。

表 3 – 6 高温时以 GeH_4 和 PH_3 为反应物的 n 型掺杂中 Ge 和 P 主要气体流量

流量	公式	公式序号
$J_{GeH_4\ on\ Ge}$	$(1-\gamma)\dfrac{p_{GeH_4}}{(2\pi m_{GeH_4}kT)^{\frac{1}{2}}}\left(\dfrac{E_{GeH_4\ on\ Ge}}{kT}+1\right)\exp\left(-\dfrac{E_{GeH_4\ on\ Ge}}{kT}\right)$	(3-11)
$J_{GeH_4\ on\ P}$	$(1-\gamma)\dfrac{p_{GeH_4}}{(2\pi m_{GeH_4}kT)^{\frac{1}{2}}}\left(\dfrac{E_{GeH_4\ on\ P}}{kT}+1\right)\exp\left(-\dfrac{E_{GeH_4\ on\ P}}{kT}\right)$	(3-12)
$J_{PH_3\ on\ Ge}$	$(1-\gamma)\dfrac{p_{PH_3}}{(2\pi m_{PH_3}kT)^{\frac{1}{2}}}\left(\dfrac{E_{PH_4\ on\ Ge}}{kT}+1\right)\exp\left(-\dfrac{E_{PH_4\ on\ Ge}}{kT}\right)$	(3-13)
$J_{P_2\ on\ Ge}$	$(1-\gamma)\dfrac{p_{P_2}^{\frac{1}{2}}}{(2\pi m_{P_2}kT)^{\frac{1}{2}}}\left(\dfrac{E_{P_4\ on\ Ge}}{kT}+1\right)\exp\left(-\dfrac{E_{P_2\ on\ Ge}}{kT}\right)$	(3-14)

当生长温度小于临界值(如参考文献[4]中的550 ℃),PH_3裂解的产物主要为 PH 和 H_2。可以得到 Ge 和 P 的总气体流量为

$$J_{GeH_4} = J_{GeH_4 \text{ on Ge}} + J_{GeH_4 \text{ on P}} \qquad (3-15)$$

$$J_P = J_{PH_3 \text{ on Ge}} + J_{PH \text{ on Ge}} \qquad (3-16)$$

低温时 H 占据的表面生长点不能忽略,由于存在三种反应前驱物 GeH_4、PH_3、PH 和四种 Ge 和 P 的表面生长点,所以总共有十二种反应,与表 3-1 相类似,从略。

3.1.2　结果与讨论

在 p 型掺杂中,生长速率 G 正比于总的反应物气体流量 J_{Ge} 和 J_B,综合式(3-2)和式(3-3),可得

$$G \propto J_{GeH_4 \text{ on Ge}} + J_{GeH_4 \text{ on B}} + J_{BH_3 \text{ on Ge}} + J_{BH_3 \text{ on B}} \qquad (3-17)$$

由于在实际的试验中,一般 B 在 Ge 中的含量不超过10%,特定条件下还小于1%,所以可以忽略式(3-17)中 B 反应物的气体流量 J_B,即

$$G \propto J_{GeH_4 \text{ on Ge}} + J_{GeH_4 \text{ on B}} \qquad (3-18)$$

把式(3-4)和式(3-5)代入式(3-18),可得到

$$G \propto (1-\gamma)(1-\theta_{H(Ge)}) \frac{p_{GeH_4}}{(2\pi m_{GeH_4}kT)^{\frac{1}{2}}} \left(\frac{E_{GeH_4 \text{ on Ge}}}{kT} + 1 \right) \exp\left(-\frac{E_{GeH_4 \text{ on Ge}}}{kT} \right) +$$

$$\gamma(1-\theta_{H(B)}) \frac{p_{GeH_4}}{(2\pi m_{GeH_4}kT)^{\frac{1}{2}}} \left(\frac{E_{GeH_4 \text{ on B}}}{kT} + 1 \right) \exp\left(-\frac{E_{GeH_4 \text{ on B}}}{kT} \right) \qquad (3-19)$$

下面分析式(3-19)右边两项对生长速率 G 的影响。考虑到实际试验中的 B_2H_6 的流量很小,也就是 B 生长点占所有表面生长点的比例 γ 很小,所以 $1-\gamma \approx 1$。当其他条件一定时,式(3-19)中第一项与 B_2H_6 的分压 $p_{B_2H_6}$ 无关;而已经有试验结果证明 γ 正比于 B_2H_6 分压[7]。参考文献[1]中作者拟合了 550~750 ℃情况下 Si 中掺杂 B 的数据,得到

$$1 - \theta_{H(B)} \propto \left(\frac{1}{p_{B_2H_6}} \right)^{\frac{1}{2}} \qquad (3-20)$$

综合上述分析,可以把生长速率写成

$$G \propto a + b p_{B_2H_6}^{\frac{1}{2}} \qquad (3-21)$$

其中,a 和 b 是与温度有关而与 $p_{B_2H_6}$ 无关的系数。式(3-21)表明生长速率随

着 B_2H_6 的分压 $p_{B_2H_6}$ 增大而增加。类似于 Si 中掺杂 B 的情形[8]，这主要归因于:相对于 Ge 生长点，H_2 从 B 生长点脱附的激活能较小，也就是 B 生长点有催化的作用。而在接下来的 3.2 节中研究 Ge 的原位 B 掺杂时，同样也发现 Ge 材料掺杂后的生长速率随 BH_3 的流量增大而增加，但都略小于本征 Ge 材料的生长速率。后一点可能与前面讨论式(3-19)时，忽略了第一项中的 γ 有关。

由于 GeH_4 和 BH_3 两者吸附于表面生长点存在着竞争性，所以 Ge 中 B 的浓度[B]与 BH_3 吸附于表面生长点的概率成正比，即

$$[B] \propto N_0 = \frac{J_B}{J_B + J_{Ge}} \qquad (3-22)$$

将式(3-4)和式(3-6)代入式(3-22)，并假设 $J_B = J_{Ge}$，可得到

$$[B] \propto N_0 \frac{J_B}{J_{Ge}} \approx N_0 \frac{J_{BH_3 \text{ on Ge}} + J_{BH_3 \text{ on B}}}{J_{GeH_4 \text{ on Ge}} + J_{GeH_4 \text{ on B}}} \qquad (3-23)$$

在一定温度下，除了 γ 和 $1 - \theta_{H(B)}$，式(3-23)中的 $J_{GeH_4 \text{ on Ge}}$、$J_{GeH_4 \text{ on B}}$、$J_{BH_3 \text{ on Ge}}$ 和 $J_{BH_3 \text{ on B}}$ 与 p_{BH_3} 无关。考虑 B_2H_6 的完全分解，有

$$p_{BH_3} = 2p_{B_2H_6} \qquad (3-24)$$

将式(3-4)~式(3-7)、式(3-20)和式(3-24)代入式(3-23)，得

$$[B] \propto N_0 \left(\frac{cp_{B_2H_6} + dp_{B_2H_6}^{\frac{3}{2}}}{a + bp_{B_2H_6}^{\frac{1}{2}}} \right) \qquad (3-25)$$

其中，a、b、c 和 d 都是与温度有关的系数。式(3-25)表明掺杂浓度 B 与 B_2H_6 的分压 $p_{B_2H_6}$ 不是一个简单的线性关系。参考文献[8]在 550~850 ℃情况下得到 Si 中掺杂 B 的浓度随 $p_{B_2H_6}$ 的变化有近似的线性增加关系。在接下来的 3.2 节中 Ge 的原位掺杂中 B 的浓度也随着 BH_3 流量(也就是分压)的增大而增加，与参考文献[8]Si 中掺杂 B 的变化趋势相类似。

对于 n 型掺杂，要讨论高温和低温两种情况。如前面讨论，高温时 $J_{GeH_4 \text{ on P}} \approx 0$，故有生长速率的表达式为

$$G \propto J_{GH_4 \text{ on Ge}} = (1 - \gamma) \frac{p_{GeH_4}}{(2\pi m_{GeH_4} kT)^{\frac{1}{2}}} \left(\frac{E_{GeH_4 \text{ on Ge}}}{kT} + 1 \right) \exp\left(-\frac{E_{GeH_4 \text{ on Ge}}}{kT} \right)$$

$$(3-26)$$

在一定温度下，除了 γ，式(3-26)中的各项与 p_{PH_3} 无关。因为 PH_3 裂解的产物主要为 P_2 和 H_2，而 P 的二聚体 P_2 占据了表面的反应点，阻碍了后继到达

Ge 反应物的吸附。所以引入了一个阻碍因子 β，式(3 - 31)可写成

$$G \propto f(1 - \beta\gamma) \qquad (3-27)$$

其中, f 是一个与温度相关而与 p_{BH_3} 无关的量。从式(3 - 27)可以看出, p_{BH_3} 越大, γ 就越大,而 G 越小。

高温时的掺杂浓度为

$$p \propto N_0 \frac{J_P}{J_P + J_{Ge}} \approx N_0 \frac{J_P}{J_{Ge}} \qquad (3-28)$$

高温时, GeH_4 和 PH_3 都是主要的反应物, $J_{Ge} \approx J_{GeH_4} = J_{GeH_4\,on\,Ge}$, $J_P \approx J_{PH_3\,on\,Ge}$,那么可得 $p \propto hp_{PH_3}$, h 是一个与温度相关的因子。

而在低温时的情况与 Ge 中掺杂 B_2H_6 情况相似,生长速率和掺杂浓度随 PH_3 分压(试验中表现为流量)增大而增加。而与生长速率有关的 $J_{GeH_4} = J_{GeH_4\,on\,Ge} + J_{GeH_4\,on\,P}$ 比高温时的 $J_{GeH_4} = J_{GeH_4\,on\,Ge}$ 多了一项 $J_{GeH_4\,on\,P}$,所以低温时 P 掺杂的生长速率比高温时快。

本节小结:提出 Ge 中 B 和 P 原位掺杂的表面动力学模型。对于掺杂 B 的情况,结果为生长速率和掺杂浓度随 B_2H_6 分压(试验中表现为流量)增大而增加。高温时,由于 PH_3 裂解的产物主要为 P_2 和 H_2,而 P 的二聚体 P_2 占据了表面的反应点,阻碍了后继到达 Ge 反应物的吸附,所以 PH_3 分压越大,生长速率越小,而掺杂浓度还是随着 PH_3 分压增大而增加。低温时 P 掺杂的情况与 Ge 中掺杂 B_2H_6 情况相似,生长速率和掺杂浓度随 PH_3 分压(试验中表现为流量)增大而增加,而且低温时 P 掺杂的生长要比高温时快。

3.2 Si 基 Ge 材料中 B 和 P 的原位掺杂

本节中,以 H_2 稀释浓度为 0.5% 的 B_2H_6 和 PH_3 为源气体,对 Si 基 Ge 材料进行 p 型和 n 型的原位掺杂,研究不同流量的源气体对 Ge 生长速率、表面形貌和掺杂浓度的影响;分析应变、掺杂浓度和材料的晶体质量对 PL 谱的影响。

3.2.1 630 ℃时 Si 基 Ge 材料中 B 和 P 的原位掺杂

采用低温 Ge 缓冲层技术压制位错密度的方法,在低温 Ge 缓冲层上生长约 430 nm 的高温 Ge 层作为虚衬底,然后开始对其进行 p 型和 n 型的原位掺杂,掺

杂时 B_2H_6 和 PH_3 的流量分别设定为 $0.5\ sccm^①$、$1.0\ sccm$、$1.5\ sccm$，GeH_4 流量固定在 $8\ sccm$，生长温度和时间均为 $630\ ℃$ 和 $1\ h$，掺杂样品结构示意图如图 $3-4$ 所示，掺杂条件、生长速率和掺杂浓度等参数见表 $3-7$。

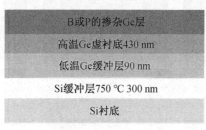

图 3 - 4　**Si 基 Ge 原位掺杂样品的结构示意图**

表 3 - 7　**Si 基 Ge 材料原位掺杂条件及测试结果**

序号	生长温度 /℃	GeH_4 流量 /sccm	B_2H_6 流量 /sccm	PH_3 流量 /sccm	B 元素浓度 /cm^{-3}	P 元素浓度 /cm^{-3}	生长速率 /$(nm \cdot h^{-1})$
IV A	630	8	0.5	—	1.3×10^{18}	—	83
IV B	630	8	1.0	—	2.8×10^{18}	—	86
IV C	630	8	1.5	—	3.9×10^{18}	—	90
V A	630	8	—	0.5	—	1.5×10^{17}	85
V B	630	8	—	1.0	—	3.0×10^{17}	87
V C	630	8	—	1.5	—	4.0×10^{17}	110

发现掺杂时 Ge 的生长速率低于未掺杂 Ge 的生长速率（$112\ nm/h$），这是因为 B_2H_6 和 PH_3 掺入降低了表面 H 的脱附速率，同时表面生长位置被其他分子所代替，因此降低了 Ge 的生长速率。

图 3-5 是掺杂样品的表面形貌 AFM 图，扫描范围为 $10\ μm \times 10\ μm$。掺杂后样品与未掺杂样品相比，表面形貌略粗糙，样品表面出现深坑，这是因为掺杂带来晶体质量恶化的不利影响。尽管如此，掺杂后的样品的表面依然平整，RMS 均小于 $2.0\ nm$，仍然满足器件制作的需要。

---

① sccm 为体积流量单位，意为标况 mL/min。

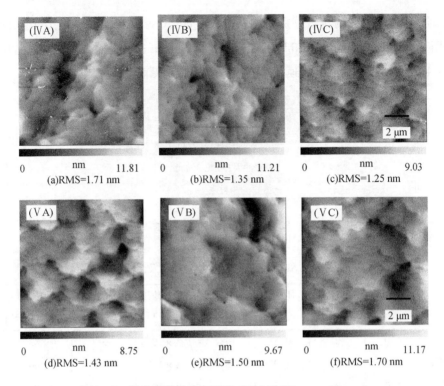

图3-5　掺杂样品的表面形貌 AFM 图(10 μm×10 μm)

图3-6是采用 SIMS 测得不同流量源气体掺杂后 B 和 P 的浓度分布图。从图3-6(a)可以看出 B 在掺杂 Ge 层里分布均匀,掺杂界面陡峭;B 在未掺杂 Ge 层里扩散长度很小,仅10~25 nm。从图3-6(b)可以看出 P 的掺杂浓度很小,且浓度呈锯齿状分布,掺杂界面不清晰,扩散长度较大。图3-7是 B 掺杂浓度和 B_2H_6 流量的关系以及 P 掺杂浓度和 PH_3 流量的关系图。从图3-7中可以看出 B 和 P 的掺杂浓度都随着流量的增大而增加,说明在 GeH_4 流量一定的条件下,增加源气体的流量可以增加其掺杂浓度。而在1.5 sccm 源气体的流量下,B 掺杂浓度可以达到 $3.9×10^{18}\ cm^{-3}$,然而 P 的掺杂浓度却只能达到 $4.0×10^{17}\ cm^{-3}$。这是因为 P 在 Ge 里溶解度低,且 P 在 Ge 里扩散快;另外在提高 PH_3 流量的情况下,PH_3 在表面分解生成 P,大量的 P 会在表面偏析,阻碍 P 的吸附,因此使 P 的掺杂浓度很难提高,P 比 B 更难以掺入 Ge 材料中。所以,可以在保证晶体质量较好的条件下,适当提升 B_2H_6 和 PH_3 流量,来进一步提高 Ge 的掺杂浓度。

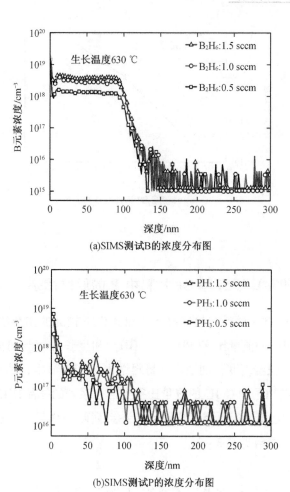

(a)SIMS测试B的浓度分布图

(b)SIMS测试P的浓度分布图

图 3 – 6　SIMS 测试 B 和 P 的浓度分布图

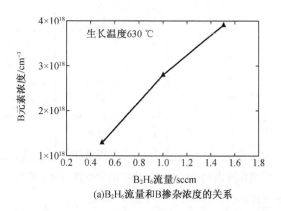

(a)B₂H₆流量和B掺杂浓度的关系

图 3 – 7　B₂H₆ 流量和 B 掺杂浓度的关系及 PH₃ 流量和 P 掺杂浓度的关系

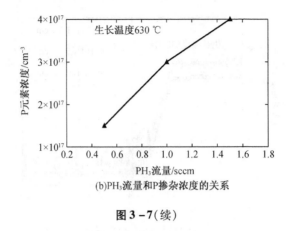

(b)PH₃流量和P掺杂浓度的关系

图 3 - 7(续)

3.2.2　500 ℃时 Si 基 Ge 材料中 P 的原位掺杂

为了获得 n - Ge 材料在较好晶体质量条件下较高的掺杂浓度，我们通过改变 PH₃ 和 GeH₄ 的流量比 $F(PH_3)/F(GH_4)$ 和生长温度等因素，研究掺杂浓度随流量比和生长温度变化的规律。材料结构与 630 ℃ 生长的材料结构一样，在 500 ℃ 下改变 PH₃ 和 GeH₄ 的流量比得到两个系列的样品；固定 PH₃ 和 GeH₄ 的流量比，把生长温度降到 450 ℃ 得到另一系列两个样品。生长条件、生长速率和掺杂浓度等参数见表 3 - 3。

表 3 - 8　Si 基 Ge 材料原位 P 掺杂条件及测试结果

序号	生长温度 /℃	GeH₄ 流量 /sccm	PH₃ 流量 /sccm	P 元素浓度 /cm⁻³	P 元素浓度 /cm⁻³	生长速率 /(nm·h⁻¹)
Ⅵ A	500	8	0.5	0.65×10^{18}	1.21×10^{18}	230
Ⅵ B	500	8	1.0	1.22×10^{18}	2.63×10^{18}	256
Ⅵ C	500	8	2.0	3.11×10^{18}	6.67×10^{18}	274
Ⅵ D	500	8	1.5	0.96×10^{18}	2.05×10^{18}	284
Ⅵ E	500	8	2.5	1.12×10^{18}	2.26×10^{18}	215
Ⅵ F	500	8	4.0	2.08×10^{18}	4.01×10^{18}	259
Ⅶ A	450	5	1.5	0.65×10^{18}	——	——
Ⅶ B	450	5	2.5	1.01×10^{18}	——	——

注：上表中第一个 P 元素浓度由四探针测得方块电阻后推算出电阻率然后查表得到，第二个 P 元素浓度由 SIMS 测得。

综合考察 630 ℃、500 ℃和 450 ℃三个不同温度下相同 PH_3 和 GeH_4 的流量比 $F(PH_3)/F(GH_4)$ 的电阻率变化,可得如图 3 - 8 所示的曲线。从图 3 - 8 中可以看出,在同一温度条件下,增加 PH_3 和 GeH_4 的流量比(增加掺杂浓度),都可以减小材料的电阻率;当生长温度从 630 ℃降低到 500 ℃时,相同的 $F(PH_3)/F(GH_4)$ 条件下,电阻率减小得很明显,但温度进一步降低到 450 ℃时,相同的 $F(PH_3)/F(GH_4)$ 条件下生长的材料电阻率非但不会减小,反而会增加,掺杂效果反而不好。这说明 Ge 材料原位 P 掺杂存在最佳温度,初步的试验结果与 3.1 节的理论模型预期较一致。下面主要分析 500 ℃下生长的材料性质。

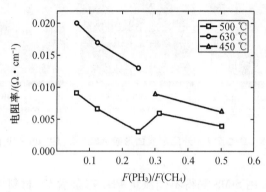

图 3 - 8　不同生长温度下电阻率与 PH_3、GeH_4 流量比的关系图

研究发现,生长温度 500 ℃下掺杂时 Ge 的生长速率高于未掺杂 Ge 的生长速率(157 nm/h),并且与 PH_3 的流量没有明显关系。这个结果与 J. M. Hartmann 等[9]和 H. Y. Yu 等[10]用 RP - CVD 生长原位 P 掺杂材料的结果相近。其微观机理有待进一步研究。

图 3 - 9 是掺杂样品的表面形貌 AFM 图,扫描范围为 10 μm × 10 μm。掺杂后样品与未掺杂样品相比,表面更加粗糙,RMS 在 4.9 ~ 7.7 nm 之间变化,并随 PH_3 流量的增加略有增加。样品表面出现深坑,这是因为掺杂带来晶体质量恶化的不利影响。

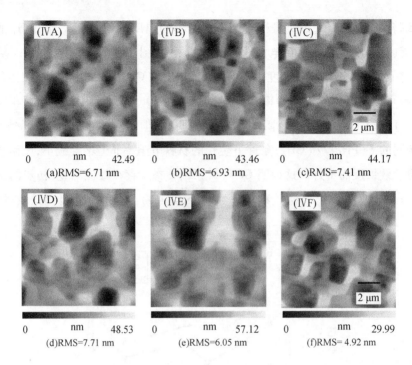

图 3 - 9   P 掺杂 Ge 外延层表面形貌 AFM 图(10 μm × 10 μm)

图 3 - 10 是采用 SIMS 测得不同流量 PH₃ 掺杂后 Ge 材料中 P 的浓度随深度的分布图。图 3 - 10(a)中发现 P 在掺杂 Ge 层里分布均匀,掺杂界面随 P 的浓度增加,从较陡峭(box - like)逐渐变得较倾斜,说明在相同的生长温度和时间里,掺杂浓度越高,扩散越厉害。按照参考文献[10]中认为 P 的浓度在未掺杂 Ge 层降低到 1×10^{17} cm^{-3} 时,扩散就结束的说法,结合用腐蚀法得到的掺杂层厚度,可以得到当 PH₃ 的流量从 0.5 sccm、1.0 sccm 增加到 2.0 sccm 时,P 在本征 Ge 中分别扩散了 89 nm、123 nm 和 148 nm。图 3 - 11 是 P 掺杂浓度和 PH₃ 流量的关系图。从图 3 - 11 中可以看出,对于 ⅥA ~ ⅥC 和 ⅥD ~ ⅥF 两个系列样品,无论是由 SIMS 得到的化学掺杂浓度,还是由四探针测试方块电阻推算得到的电学浓度都随着流量的增大而增加,说明在 GeH₄ 流量一定的条件下,增加掺杂源气体的流量可以增加其掺杂浓度。但 ⅥD 和 ⅥE 的 PH₃ 流量都比 ⅥB 大,但最终掺杂浓度却比 ⅥB 小。这可能是因为 ⅥC、ⅥD 和 ⅥE 三个样品与 ⅥA、ⅥB 和 ⅥC 不在同一时段生长,是生长设备经维护后再生长的。

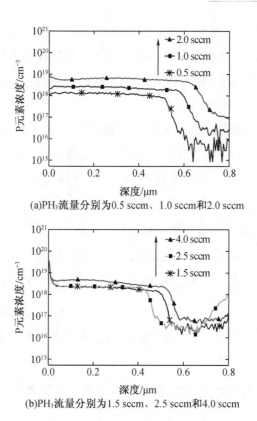

(a)PH₃流量分别为0.5 sccm、1.0 sccm和2.0 sccm

(b)PH₃流量分别为1.5 sccm、2.5 sccm和4.0 sccm

图3-10　SIMS 测试 P 的浓度分布图

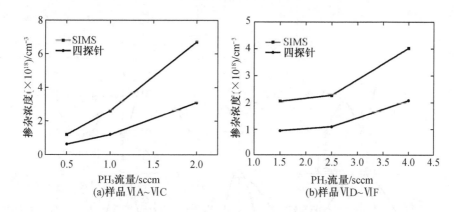

(a)样品ⅥA~ⅥC

(b)样品ⅥD~ⅥF

图3-11　P 掺杂浓度和 PH₃ 流量的关系

为了更好地分析样品的 PL 谱,先介绍应变和 n 型掺杂对 Ge 材料能带结构的调制作用。Ge 外延层中的张应变是由热膨胀失配引起的,从高温冷却到室温的过程中 Ge 和 Si 的晶格产生形变。当 Ge 和 Si 相互隔离时,Ge 和 Si 可以自由伸缩,由于 Ge 的热膨胀系数比 Si 的大,Ge 的晶格缩小得更多;当 Ge 外延在 Si 衬底上时,Ge 的平行晶格收缩受到衬底 Si 的阻碍,使 Ge 的平行晶格常数比体 Ge 的大,在 Ge 层中产生张应变。

应变的作用使能带退简并,能级发生偏移[11]。由于体 Ge 的直接带隙和间接带隙相差只有 0.13 eV,直接带间跃迁概率比间接的要高得多,此处只考虑应变对直接带隙的影响。张应变作用下 Ge 的直接带能级变化如图 3 - 12 所示[4],张应变改变了 Ge 间接、直接带隙,并且 Ge 的价带发生了退简并现象,导带 Γ 带向下偏移,价带向上偏移。直接带隙(导带 Γ 带到重空穴带 $E_g^\Gamma(hh)$ 和导带 Γ 带到轻空穴带 $E_g^\Gamma(lh)$)与应变的关系可以表述为[12]

$$E_g^\Gamma(hh) = E_g^0 - \delta E_{hy} + \frac{1}{2}\delta E_{sh} \tag{3-29}$$

$$E_g^\Gamma(lh) = E_g^0 - \delta E_{hy} - \frac{1}{4}\delta E_{sh} + \frac{1}{2}\Delta - \frac{1}{2}\sqrt{\Delta^2 + \Delta \cdot \delta E_{sh} + \left(\frac{9}{4}\right)(\delta E_{sh})^2}$$

$$\tag{3-30}$$

其中,E_g^0 为体 Ge 直接带隙;δE_{hy} 和 δE_{sh} 为静压形变势和剪切形变势;Δ 为自旋轨道分裂能,且有

$$\begin{cases} \delta E_{hy} = -2a\left(\dfrac{1-c_{12}}{c_{11}}\right)\varepsilon_{//} \\[3mm] \delta E_{sh} = -2b\left(\dfrac{1+c_{12}}{c_{11}}\right)\varepsilon_{//} \end{cases} \tag{3-31}$$

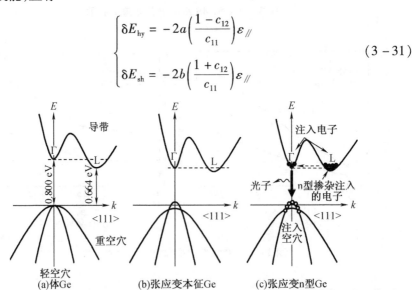

图 3-12   双轴张应变作用下 Ge 的直接带隙变化示意图

对于 Ge 材料，$E_g^0 = 0.802$ eV，$\Delta = 0.289$ eV，$a = -8.97$ eV，$b = -1.88$ eV，$c_{11} = 128.5$ GPa，$c_{12} = 48.3$ GPa。

理论计算直接带隙与张应变的关系，结果如图 3−13 所示。在张应变的作用下，Ge 的能带结构发生了重要的变化。一方面，其价带轻空穴带(lh)和重空穴带(hh)发生退简并，相对于无应变 Ge 的情况，轻空穴会向上偏离原来位置，重空穴会向下偏离，轻空穴带成为价带的最高点；另一方面，导带直接带底 Γ 能谷和间接带底 L 能谷同时向下偏离原来位置，并且 Γ 能谷向下偏离得快，换句话说，张应变缩小了导带 Γ 能谷和 L 能谷之间的差距。$E_g^{\Gamma}(\text{hh})$ 和 $E_g^{\Gamma}(\text{lh})$ 随着张应变的增加而减小，张应变每提高 0.1%，直接带隙缩小约 14 meV。当张应变为 1.7% 时，此时的 Ge 由间接带隙材料转变为直接带隙材料，带隙为 0.5 eV。

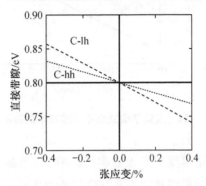

图 3−13　理论计算直接带隙与张应变的关系

在平衡状态下，电子按能量大小遵循费米分布规律。利用费米分布函数可以计算 Ge 导带中掺杂浓度与费米能级的关系，用 n 表示导带的电子浓度，则计算公式如下：

$$n = \frac{1}{2\pi^2}\left(\frac{2m_n^L kT}{\text{h}^2}\right)^{\frac{3}{2}} \int_0^{\infty} \frac{x^{\frac{1}{2}}\mathrm{d}x}{1 + \exp(x - \xi)} + \frac{1}{2\pi^2}\left(\frac{2m_n^{\Gamma} kT}{\text{h}^2}\right)^{\frac{3}{2}} \cdot$$

$$\int_0^{\infty} \frac{x^{\frac{1}{2}}\mathrm{d}x}{1 + \exp\left(x - \xi + \dfrac{\Delta E}{kT}\right)} \tag{3-32}$$

其中，m_n^L、m_n^{Γ} 分别表示 L 能谷、Γ 能谷状态密度有效质量，这里分别取 $0.56m_0$、$0.038m_0$[13]；k 为玻耳兹曼常数；T 为绝对温度；h 与普朗克常数 h 的关系为 $\text{h} = \dfrac{h}{2\pi}$；

ΔE 为 L 能谷与 Γ 能谷的差值;$\xi = \dfrac{E_F - E_C}{kT}$,$E_F$ 是费米能级,E_C 为间接带导带底。

图 3 – 14 所示为 1.5% 张应变条件下 n 型掺杂浓度引起的准费米能级的位置变化。通过计算发现,Ge 在 1.5% 应变下,当掺杂浓度约为 8×10^{18} cm^{-3} 时,准费米能级达到间接带底;而掺杂浓度为 1.4×10^{19} cm^{-3} 时,准费米能级达到直接带导带底。当掺杂浓度提高时,准费米能级随之提高,载流子通过费米分布规律,占据直接带导带底的概率将得到提高。

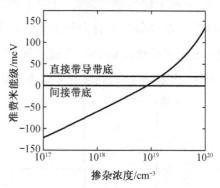

图 3 – 14   载流子填充水平与准费米能级的关系

考虑到材料的位错密度对发光效率的影响,利用参考文献[14]的模型,计算了非平衡载流子被位错俘获的寿命与位错的关系:

$$
\begin{cases}
\tau_n = (4\pi D_n N_D)^{-1} g\left(\dfrac{2D_n}{aV_n S} - \dfrac{3}{2} - \ln(\pi a^2 N_D)\right) \\
\tau_p = (4\pi D_p N_D)^{-1} g\left(\dfrac{2D_p}{aV_p S} - \dfrac{3}{2} - \ln(\pi a^2 N_D)\right)
\end{cases}
\tag{3-33}
$$

其中,$D_{n(p)}$ 为扩散系数;N_D 为 Ge 材料的位错密度;a 为晶格常数;$V_{n(p)}$ 为室温下,电子(空穴)热运动速度;$S = 0.5$,为经验值。

该模型计算结果如图 3 – 15 所示,与参考文献[15]报道的结果相符合。考虑到位错密度引起的非辐射复合影响,内量子效率可写为

$$
\eta = \frac{\tau_{dir}^{-1}}{\tau_{dir}^{-1} + \tau_{ind}^{-1} + \tau_{auger}^{-1} + \tau_{dislocation}^{-1}}
\tag{3-34}
$$

其中,τ_{dir}、τ_{ind}、τ_{auger}、$\tau_{dislocation}$ 分别为直接带、间接带、俄歇和位错复合非平衡载流子寿命。计算得到 1.5% 应变下 n 型掺杂 Ge 位错密度对应变 n 型掺杂 Ge 发光效率的影响如图 3 – 16 所示。该结果表明位错密度在 10^6 cm^{-2} 以下时对材料的

发光效率影响可以忽略,但位错密度在 10^6 cm^{-2} 以上时,发光效率衰减很快。

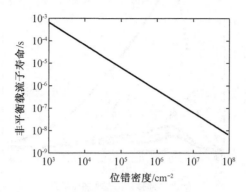

图 3 - 15   非平衡载流子被位错俘获的寿命与位错的关系

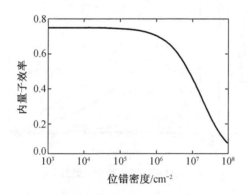

图 3 - 16   位错密度对内量子效率的影响

应变和 n 型掺杂对 Ge 材料的能带影响已有诸多报道。如 D. Nam 等[16]在 Si 衬底上生长了应变 Ge 薄膜二极管,得到的电致发光峰随应变的变化关系与理论预期很好地印证了应变对 Ge 能带调制的理论;X. C. Sun 等[17]通过试验得到 n 型掺杂 Ge PL 谱的强度随掺杂浓度的增加而增强,也证实了 n 型掺杂对 Ge 能带费米能级的作用。但 X. C. Sun 等在比较原位掺杂和离子注入掺杂效果时,却发现离子注入时的样品掺杂浓度虽然比原位掺杂的要高,但得到的 PL 谱强度却远远小于原位掺杂,如图 3 - 17 所示。L. Ding 等[18]在研究 P 注入的 n 型 Ge 的 PL 谱时发现,加大 P 的注入量提高材料的掺杂浓度,但 PL 谱的强度并没有随之增强。这说明 n 型掺杂 Ge PL 谱的强度不仅与掺杂浓度有关,还与材料的晶体质量有关。

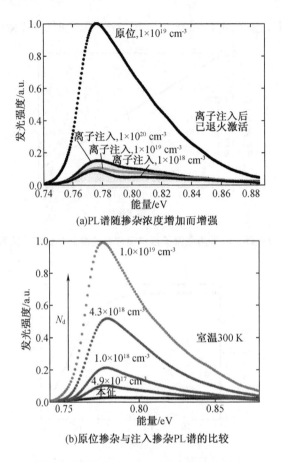

(a)PL谱随掺杂浓度增加而增强

(b)原位掺杂与注入掺杂PL谱的比较

图3-17   PL谱随掺杂浓度增加而增强和原位掺杂与注入掺杂PL谱的比较

为了研究张应变和n型掺杂对Ge直接带跃迁的影响,对制备的六个掺杂样品进行了室温的光致发光测试。图3-18给出了样品的室温PL谱。从图3-18可以看出除了最低掺杂的ⅥA样品外,其他五个样品的PL强度相对于体Ge都有不同程度的增强,这是Ge中P的掺杂和应变引起Γ带及L带之间带差的减小共同作用的结果;还可以看到PL峰强度按ⅥF、ⅥB、ⅥE、ⅥD、ⅥC、ⅥA逐渐减弱,与SIMS得到的掺杂浓度渐弱排序ⅥC、ⅥF、ⅥB、ⅥE、ⅥD、ⅥA不一致,与参考文献[9]的结果有点相似,需要结合晶体质量进一步分析;相对于体Ge,图3-18中六个样品PL谱的峰位由于应变导致的直接带隙减少而产生红移。应变和n型掺杂对PL谱的作用机理还可以结合样品的XRD曲线进一步量化阐释。图3-19所示是样品的XRD(004)的测试结果。

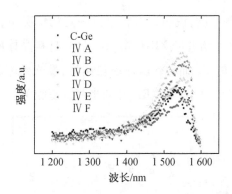

图 3 – 18　ⅥⅠ ~ ⅥⅠF 六个样品的室温 PL 谱

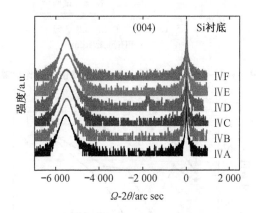

图 3 – 19　ⅥⅠA ~ ⅥⅠF 六个样品的 XRD 摇摆曲线

系统测试无应变 Ge 的直接带跃迁峰位于 1 520 nm（与文献中报道的 0.815 eV 相符），从 XRD 曲线提取 Ge 衍射峰位，根据上述理论中张应变每提高 0.1%，直接带隙缩小约 14 meV 的结论，可以推算出各样品的直接带隙。图 3 – 20 是该系列样品的发光峰位试验值与由 XRD 计算的直接带跃迁发光峰位的比较，二者符合得很好。

从 XRD 曲线中提取了各样品衍射峰的半高宽，从各样品 PL 谱中提取半高宽和积分强度，数值经归一化后在图 3 – 21 中做了比较。可以看到它们之间有很好的正相关。这是因为根据上述理论，位错也是影响 Ge 发光效率的重要因素。其他因素相同时，材料的晶体质量越好，位错密度越小，发光效率越高。根据参考文献[19]，位错密度 $\rho = \left(\dfrac{\Delta q}{5.24 \times 10^{-7}} \right)^2 d$，式中 Δq 是反演空间中 XRD 峰的半高宽,d 为材料的厚度,说明在材料厚度一定的情况下,半高宽可以表征材料的位错密度。而在本研究的 XRD 测试结果中,材料晶体质量越好,半高宽则越小,即半高宽倒数更大。而材料晶体质量越好,发光效率越高,PL 谱越强,所以 PL 谱的半高宽和积分强度与 XRD 峰的半高宽正相关。

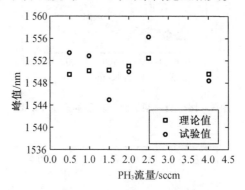

图 3 - 20   VIA ~ VIF 六个样品室温 PL 谱峰值与理论计算的比较

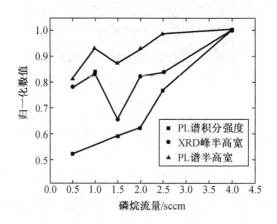

图 3 - 21   样品 XRD 衍射峰半高宽、PL 谱半高宽和积分强度的比较

以上的结果和分析表明,应变、n 型掺杂和位错密度都是影响 n 型 Ge 直接带发光的重要因素。应变可以调制发光峰位和增强发光强度。提高掺杂浓度可以增强发光强度,但高的掺杂浓度会降低材料的晶体质量,反而对发光效率的提高不利。所以在研究 n 型 Ge 材料的发光时,要权衡掺杂浓度和晶体质量的关系;或者另寻新的技术路线,使两者能兼而得之。

3.3　退火对原位 P 掺杂 Ge 材料的影响

选取掺杂浓度从低到高的三个样品ⅥA、ⅥE 和ⅥC,先用等离子体增强化学气相沉积(PECVD)法沉积 400 nm SiO₂ 作为保护层,在 700 ℃分别退火 30 s、60 s、90 s、120 s。再将退火后的样品用缓冲氧化物刻蚀液(BOE 溶液)去除掉SiO₂ 后进行 PL 谱和 XRD 测试,结果如图 3－22 和图 3－23 所示。从 PL 谱看到,峰位都有所红移,这与退火引起的应变增加导致的直接带隙减小有关。除了退火 30 s 的样品外,其他样品退火后的 PL 谱强度有所增强,都在退火 60 s 时达到最强。如前面分析,PL 谱强度与掺杂浓度和晶体质量相关。从 XRD 谱提取的衍射峰半高宽(FWHM)表明经过退火后半高宽都有所减小,材料晶体质量有所改善,PL 谱得到增强;同时,由于退火造成 P 元素扩散导致材料中掺杂浓度降低,从而减弱了 PL 谱强度。以上两者的竞争关系决定了退火后各个样品的 PL 谱强度。

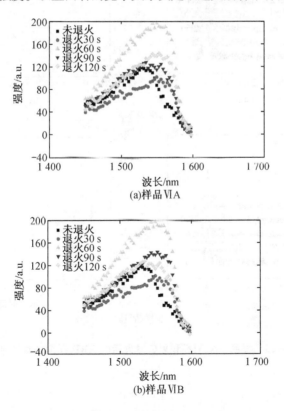

图 3－22　样品ⅥA、ⅥB 和ⅥC 退火后的 PL 谱

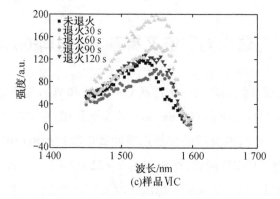

(c)样品VIC

图3-22(续)

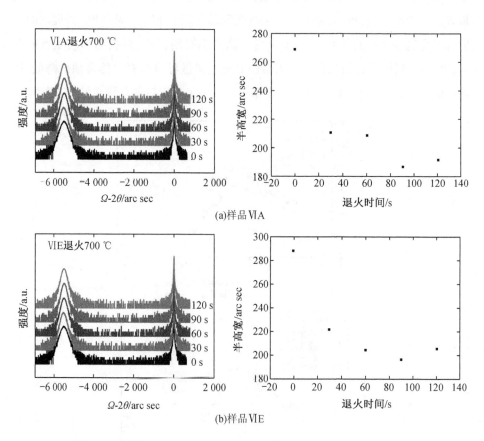

(a)样品VIA

(b)样品VIE

图3-23　样品VIA、VIE和VIC退火后的XRD摇摆曲线和半高宽

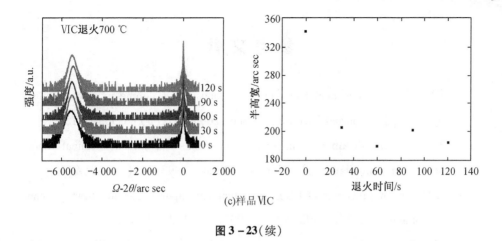

(c)样品VIC

图 3 – 23（续）

3.4　本 章 小 结

本章提出了 Ge 材料中原位 B 和 P 掺杂的理论模型,在试验上探索了 Si 基 Ge 材料 B 和 P 的原位掺杂;最后深入分析了应变、掺杂浓度和位错密度对原位 P 掺杂 Si 基 Ge 材料 PL 谱的影响;还研究了 700 ℃ 下不同退火时间对原位 P 掺杂 Si 基 Ge 材料性质的影响。

在 630 ℃ 的生长温度下,以 B_2H_6 和 PH_3 为源气体,对 Si 基 Ge 材料进行 p 型和 n 型的原位掺杂,研究源气体流量对 Ge 的生长速率、表面形貌及掺杂浓度的影响。试验结果表明,掺杂 Ge 的生长速率低于未掺杂 Ge 的生长速率;掺杂后 Ge 的表面形貌略粗糙;B 和 P 的掺杂浓度随 B_2H_6 和 PH_3 源气体流量的增大而增加。

把生长温度降低到 500 ℃,把 Si 基 Ge 材料的 n 型原位掺杂浓度提高到 6.67×10^{18} cm^{-3},与理论模型认为的降低生长温度可以提高掺杂浓度的预期相符合;分析了应变、掺杂浓度和位错密度对原位 P 掺杂 Si 基 Ge 材料 PL 谱的影响,结果表明在 Ge 的原位掺杂中存在提高掺杂浓度和保持较好晶体质量的矛盾。

通过 PL 谱和 XRD 谱的表征,研究了 700 ℃ 下不同退火时间对原位 P 掺杂 Si 基 Ge 材料性质的影响,结果表明退火能改善材料晶体质量,同时 P 的扩散却降低了材料的掺杂浓度。

参 考 文 献

［1］ TAO M. A kinetic model for boron and phosphorus doping in silicon epitaxy by CVD ［J］. Journal Electrochem Soc, 2005, 152(5): G309-G315.

［2］ TAO M. Growth kinetics and reaction mechanism of silicon chemical vapour deposition from silane ［J］. Thin Solid Films, 1993,223(2):201-211.

［3］ TAO M. A kinetic model for photochemical vapor deposition from germane and silane ［J］. Thin Solid Films, 1997,307(1/2):71-78.

［4］ SUN X C. Ge-on-Si light-emitting materials and devices for silicon photonics ［D］. Cambridge: Massachusetts Institute of Technology, 2009.

［5］ JANG S M, LIAO K, REIF R. Phosphorus doping of epitaxial Si and $Si_{1-x}Ge_x$ at very low pressure ［J］. Applied Physics Letters, 1993, 63(9): 1675.

［6］ TAO M. A kinetic model for metalorganic chemical vapor deposition from trimethylgallium and arsine ［J］. Journal Applied Physics, 2000, 87(5): 3554.

［7］ GRUTZMACHER D. Effect of boron-doping on the growth rate of atmospheric pressure chemical vapour deposition of Si ［J］. Journal Cryst Growth, 1997, 182(1/2): 53-59.

［8］ MARUNO S, FURUKAWA T, NAKAHATA T, et al. A chemical mechanism for determining the influence of Boron on Silicon epitaxial growth ［J］. Janpanese Journal Applied Physics,2001, 40(11): 6202-6207.

［9］ HARTMANN J M, BARNES J P, VEILLEROT M. et al. Structural, electrical and optical properties of in-situ phosphorous-doped Cc layers ［J］. Journal Cryst Growth,2012, 347(1): 37-44.

［10］ YU H Y, CHENG S L, GRIFFIN P B, et al. Germanium in situ doped epitaxial growth on Si for high-performance n +/p-junction diode ［J］. IEEE Electron Device Letters, 2009, 30(9): 1002-1004.

［11］ ISHIKAWA Y, WADA K, LIU J F, et al. Strain － induced enhancement of near-infrared absorption in Ge epitaxial layers grown on Si substrate ［J］.

Journal Applied Physics,2005,98(1):013501.

[12] LIU J, CANNON D D, WADA K, et al. Deformation potential constants of biaxially tensile stressed Ge epitaxial films on Si(100) [J]. Physics Review B, 2004, 70(15):155309.

[13] LIU J F, SUN X C, PAN D, et al. Tensile-strained, n-type Ge as a gain medium for monolithic laser integration on Si [J]. Optics Express, 2007, 15(18):11272-11277.

[14] KARPOV S Y, MAKAROV Y N. Dislocation effect on light emission efficiency in gallium nitrid [J]. Applied Physics Lettres, 2002, 81(25):4721.

[15] WERTHEIM G, PEARSON G. Recombination in plastically deformed germanium [J]. Physics Review,1957,107(3):694-698.

[16] NAM D, SUKHDEO D, CHENG S L, et al. Electroluminescence from strained germanim membranes and implications for an efficient Si-compatible laser [J]. Applied Physics Letters, 2012, 100(13):131112.

[17] SUN X C, LIU J F, KIMERLING L C, et al. Direct gap photoluminescence of n-type tensile strained Ge on Si [J]. Applied Physics Letters, 2009, 95 (1):011911.

[18] DING L, LIM A E J, LIOW J T Y, et al. Dependences of photoluminescence from P-implanted epitaxial Ge [J]. Optics Express, 2012, 20 (8): 8228-8239.

[19] VANAMU G, DATYE A K, ZAIDI S H. Growth of high quality $Ge/Si_{1-x}Ge_x$ on nano-scale patterned Si structures [J]. Journal Vacumm Science Technology B,2005, 23(4):1662.

第 4 章　Ni 与 Si 基 n – Ge 接触的热稳定性与电学特性

Si 基 MOSFET 器件尺寸的缩小和集成度的提高，缩短了器件的延迟时间，降低了功耗，带来了集成电路产业的蓬勃发展。但由于工艺水平及量子效应等因素的限制，Si 基 MOSFET 器件尺寸已缩小至接近其物理极限，通过等比例缩小的方式提高器件性能变得越来越困难。为了使器件性能进一步提高，人们提出了许多新的方法，例如采用应变沟道材料提高载流子迁移率[1]，采用新型的栅结构如双栅结构、鳍式场效应晶体管（FinFET）等[2]以减小漏电流。还有一种被广泛研究的方法是用具有较高载流子迁移率的半导体材料代替 Si 材料制作 MOSFET，其中具有较好应用前景的主要有 Ge 和Ⅲ～Ⅴ族材料[3]。因此，Ge 基器件引起了人们的广泛研究。要提高 Ge 基器件的性能及可靠性，真正实现 Ge 基器件的广泛应用，仍然面临许多问题，例如 Ge 表面钝化，Ge/高 k 介质的界面质量，Ge 基金属接触，减小结深度等[4]。目前，人们对这些问题的研究不断深入，并取得了很大的进展，J. Mitard 等[5]制作的 Ge 基 p – MOSFET 已获得了较好的器件性能。但是制作高性能的 Ge 基 n – MOSFET 仍然面临很多挑战，其中比较突出的是实现 n – Ge 的欧姆接触[6]。

众所周知，金属硅化物在 Si 基大规模/超大规模集成电路器件中被广泛应用于源漏极和栅极的接触，自对准硅化物工艺已经成为集成电路制造的关键技术之一。相似地，金属锗化物在 Ge 基器件中的应用也被广泛关注。S. Gaudet 等[7]研究了钛（Ti）、锆（Zr）、钴（Co）、镍（Ni）等 20 种薄膜金属与 Ge 衬底的反应，指出 NiGe 具有最低的电阻率（22 $\mu\Omega \cdot cm$）且可在较低温度下生成，更适合应用于 Ge 基微电子制造技术。Q. Zhang 等[8]也对 NiGe 薄膜的性质进行了研究，表明 NiGe 适合应用于 Ge 基 MOSFET。但是 NiGe 薄膜的热稳定性较差[9]，在 550 ℃ 退火时 NiGe 薄膜会发生团聚，导致薄膜电阻升高，其热退化的温度远低于 NiSi 薄膜的热退化温度[10]，这严重限制了 NiGe 薄膜的应用。因此，提高

NiGe 薄膜的热稳定性具有十分重要的意义,引起了研究人员的广泛关注。

本章主要讨论 Ni 与 Si 基 n – Ge 材料(Ni/n – Ge)接触的热稳定性和电学特性。

4.1　Ni/n – Ge 接触的热稳定性

4.1.1　Ni/n – Ge 样品的制备

本试验选取的 n – Ge 材料为第 3 章编号为 ⅥA、ⅥE 和 ⅥC 的原位掺杂样品,其化学掺杂浓度分别为 1.21×10^{18} cm^{-3}、2.25×10^{18} cm^{-3} 和 6.61×10^{18} cm^{-3}。首先,清洗 n – Ge 材料,具体清洗步骤如下:

(1)丙酮、乙醇依次超声 10 min,去除颗粒、有机物污染;

(2)冷去离子水冲洗;

(3)浸泡 HCl(36%):H_2O =1:4(体积比)溶液约 30 s,去除氧化物和金属杂质;

(4)冷去离子水冲洗;

(5)第(3)和(4)步重复 3 遍;

(6)浸泡 HF:H_2O =1:50(体积比)溶液约 15 s,冷去离子水冲洗 15 s,重复 3 遍;

(7)N_2 吹干。

将清洗后的 n – Ge 材料进行金属 Ni 的磁控溅射,厚度约为 60 nm,样品命名为 A、E 和 C。接着对三种样品在 N_2 氛围下进行快速热退火,退火温度分别为 300 ℃、400 ℃、500 ℃、600 ℃、650 ℃和 700 ℃,时间均为 1 min。随后进行方块电阻、SEM 和 XRD 测试。

4.1.2　结果和讨论

图 4 – 1 是 A、E 和 C 三个样品的方块电阻与不同退火温度的关系。从图 4 – 1 中可以看出,三个样品的方块电阻随温度的变化趋势相同。三个样品的方块电阻在 300 ℃退火就开始降低,到 500 ℃降到最低值,分别约为 1.06 Ω/m^2、0.95 Ω/m^2 和 0.93 Ω/m^2,随 n – Ge 材料掺杂浓度的提高略有降低;当退火温度从 500 ℃上升到 650 ℃时,方块电阻保持低值状态;当温度上升到 700 ℃时,样品的方块电阻呈指数增大,分别增加到 35.70 Ω/m^2、17.20 Ω/m^2 和 7.54 Ω/m^2。整个结果表明,在不同退火温度下,样品方块电阻的不同说明对应

着不同的微观结构。为了进一步分析其原因,我们测试了样品在不同退火温度下的表面形貌和晶相结构。

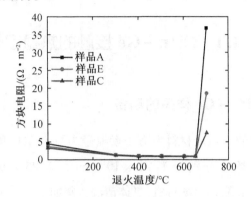

图 4-1   样品经不同退火温度下的方块电阻

图 4-2 给出了 A 和 C 两个样品的不同退火温度的 SEM 图(E 样品结果相似,从略)。从图 4-2 中可以明显看出,在 600 ℃以下,样品表面平整度很好;当温度升到 600 ℃时表面出现了变化,变得有点粗糙,NiGe 薄膜晶粒边界开始变得逐渐清晰;随着退火温度升高到 700 ℃,表面出现团聚现象,且变得粗糙,这使得薄膜的导电性急剧下降,方块电阻快速升高。这种团聚现象是由于 NiGe 薄膜的表面能是 NiGe 薄膜 Ge 衬底的界面能的最小化引起的。我们知道 Ni/Ge 系统的薄层电阻与表面的形貌存在一定的关联,这里得到的结果与上述电阻的分析相一致。

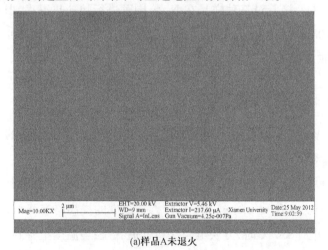

(a)样品A未退火

图 4-2   样品 A 和 C 不同退火温度下的 SEM 图

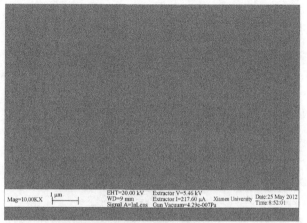

(b)样品C未退火

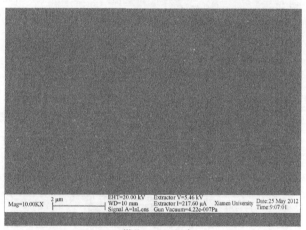

(c)样品A300 ℃退火

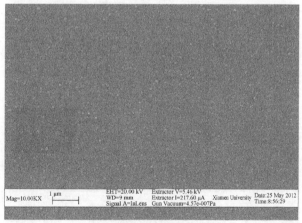

(d)样品C300 ℃退火

图4-2(续1)

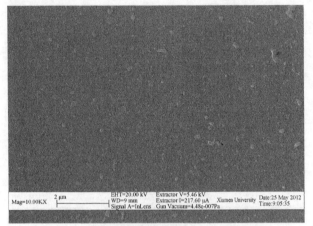

(e)样品A400 ℃退火

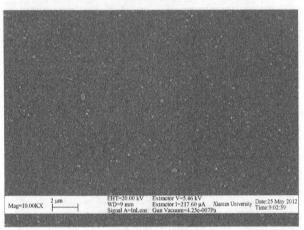

(f)样品C400 ℃退火

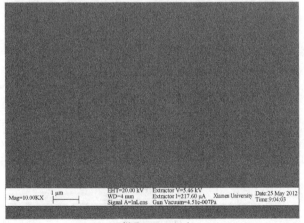

(g)样品A500 ℃退火

图 4 – 2(续 2)

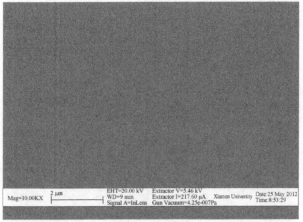

(h)样品C500 ℃退火

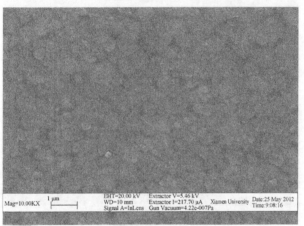

(i)样品A600 ℃退火

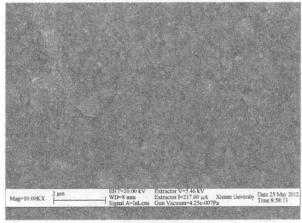

(j)样品C600 ℃退火

图4-2(续3)

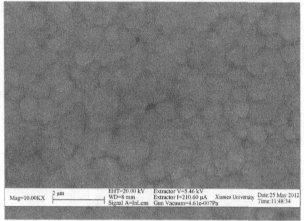

(k)样品A650 ℃退火

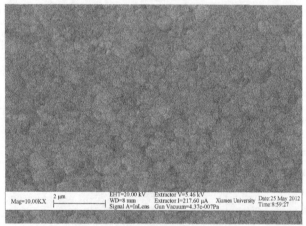

(l)样品C650 ℃退火

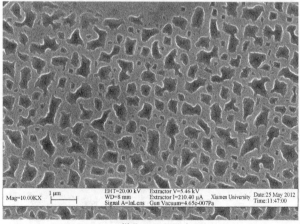

(m)样品A700 ℃退火

图 4 -2(续4)

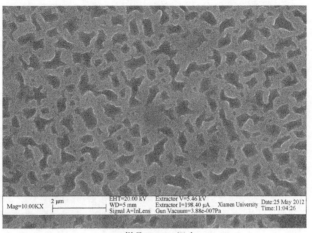

(n)样品C 700 ℃退火

图 4 - 2(续 5)

图 4 - 3 给出三个样品的不同退火温度下的 XRD 图。从图 4 - 3 中看出,三个样品的 XRD 变化情况相似。根据参考文献[11]中的报道,可知衍射峰位于 34.6°、35.0°、36.8°、42.7°、44.2°、45.6°、53.4°和 58.8°分别对应着 NiGe 的 (111)、(210)、(120)、(021)、(211)、(121)、(002)和(320)晶面。在图 4 - 3 中,300 ℃时开始出现 NiGe 的(111)和(210)衍射峰,说明 Ni 与 Ge 开始反应,生长低阻的 NiGe;当退火温度从 400 ℃继续上升到 650 ℃时,样品的 XRD 衍射峰位和强度基本不变;当温度上升到 700 ℃时,低阻的 NiGe 的(111)和(210)衍射峰变弱或消失。试验结果也印证了上述方块电阻和 SEM 的测量结果。

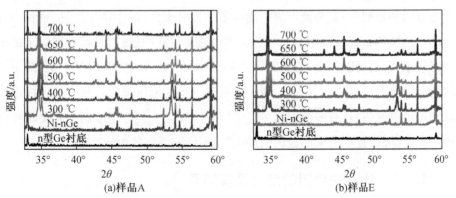

图 4 - 3 样品 A、样品 E、样品 C 在不同温度下退火的 XRD 图

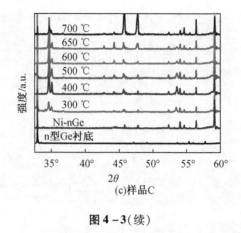

图4-3(续)

综上所述,Ni/Ge样品300 ℃时就开始反应,生长低阻的NiGe,使方块电阻降低;当退火温度从400 ℃继续上升到650 ℃时,方块电阻保持低值状态,表面较为平整,NiGe的晶相稳定;当温度上升到700 ℃时,表面出现团聚现象,且变得粗糙,这使得薄膜的导电性急剧下降,方块电阻快速升高。结果表明,700 ℃下,Ni与Si基n-Ge的接触有较好的热稳定性。

4.2　Ni/n-Ge接触的电学特性

在任何半导体器件中,都要利用金属电极来输入或输出电流,因而金属和半导体接触界面的性质对整个器件的性能有很大的影响。通常金属-半导体接触有两种类型:一类是使电流只能由单一方向流过,称作整流接触,也称为肖特基接触(Schottky contact);另一类是使电流可以双向通过,且落在接触上的电压降很小,甚至可以忽略,称作欧姆接触(Ohmic contact)。从电学上讲,理想的欧姆接触界面没有势垒,当通过所需电流时产生的电压降与器件有源区的电压降相比可以忽略,具有线性电流-电压(I-V)关系。良好的欧姆接触要求接触电阻率足够低,且不产生明显的附加电阻,不影响器件的电流、电压特性。

4.2.1　比接触电阻的定义及其测量

衡量欧姆接触性能好坏的一个重要指标为比接触电阻(Specific contact resistance)ρ_c,其定义为[12]

$$\rho_c = \left(\frac{\partial J}{\partial V}\right)_{V=0}^{-1} \quad (\Omega \cdot cm^2) \tag{4-1}$$

即单位面积金属－半导体的微分电阻。其中，J 是接触处的电流密度；V 是接触处的电压降。对于低掺杂浓度的金属－半导体接触而言，热电子发射理论在电流传导中占有主要的地位，因此

$$\rho_c = \frac{k}{qA^*T}\exp\left(\frac{q\Phi_{Bn}}{kT}\right) \tag{4-2}$$

其中，k 为玻尔兹曼常数；q 为电子电量；A^* 为有效理查德常数；T 为绝对温度；Φ_{Bn} 为金属－半导体间的势垒高度。由式（4-2）可以发现，为了获得较小的 ρ_c，应该使用具有较低势垒高度的金属－半导体接触。

相反，如果结有很高的掺杂浓度，则势垒宽度将变窄，且此时隧穿电流成为主要的传导电流，隧穿电流正比于隧穿概率，即

$$I \propto \exp\left(-\frac{C_2(\Phi_{Bn}-V)}{\sqrt{N_D}}\right) \tag{4-3}$$

其中，$C_2 = \dfrac{2\sqrt{m_n \varepsilon_0 \varepsilon}}{h}$。此时，高掺杂的比接触电阻 ρ_c 可表示为

$$I \propto \exp\left(-\frac{C_2(\Phi_{Bn})}{\sqrt{N_D}}\right) \tag{4-4}$$

式（4-4）表明，在隧道效应范围内，比接触电阻强烈地依赖于掺杂浓度。

根据样品的不同结构，欧姆接触电阻的测量大致可分为两类：一类是在体材料上制备欧姆接触图形进行测试；另一类是在薄层材料上制备欧姆接触图形进行测量，此薄层材料可以是在 n 型衬底上的 p 型薄层或反过来，也可以是在高阻衬底上的 n 型或 p 型薄层。体材料欧姆接触电阻的测量主要用四探针法。测量薄层材料比接触电阻（欧姆接触电阻率）的方法很多，例如 Kuphal 结构[13]、线性传输线方法（Linear transmission line method，LTLM）[14]和环形传输线方法（Circular transmission line method，CTLM）[15]等。其中主要且最常用的方法有两种，即 LTLM 和 CTLM。其中，LTLM 以其理论成熟、测试方便且可以比较准确地求出金属－半导体接触的比接触电阻和半导体的面电阻等优点，成为目前普遍采用的测试方法（图4-4）。

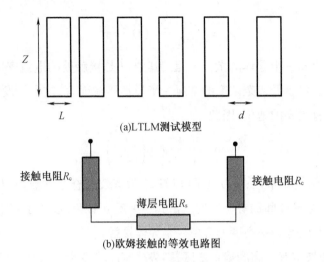

(a)LTLM测试模型

接触电阻R_c 薄层电阻R_s 接触电阻R_c

(b)欧姆接触的等效电路图

图4-4　LTLM测试模型及电路图

由图4-4(b)可以看出,传输线模型中相邻两个图形间的总电阻R_T可表示为[15]

$$R_T = \frac{\rho_s d}{Z} + 2R_c \qquad (4-5)$$

其中,接触电阻可表示为

$$R_c = \left(\rho_c \frac{L_T}{Z}\right)\coth\left(\frac{L}{L_T}\right) \qquad (4-6)$$

由式(4-5)、式(4-6)可得

$$R_c = \frac{\rho_s d}{Z} + \left(2\rho_c \frac{L_T}{Z}\right)\coth\left(\frac{L}{L_T}\right) \qquad (4-7)$$

其中,ρ_s为半导体材料的薄层电阻;d是测量两电极的间隔长度;Z是测量电极的宽度;L是接触电阻电极的长度;L_T是电流的传输长度,其值为$\sqrt{\rho_c\rho_s}$。当$L \geqslant 1.5L_T$时,$\coth\left(\frac{L}{L_T}\right)$趋近1,所以

$$R_T = \frac{\rho_s d}{Z} + 2R_c \approx \frac{R_s}{Z}(d + 2L_T) \qquad (4-8)$$

式(4-8)是总电阻R_T随测量电极的间隔长度d变化的直线方程,ρ_s可以从直线的斜率得到,L_T可从直线的截距求得,再通过关系式

$$\rho_c = \rho_s L_T^2 \qquad (4-9)$$

得到比接触电阻率。从式(4-9)可以看出,ρ_c取决于ρ_s和L_T,ρ_s与材料本身的

掺杂浓度有关,而L_T与金属 – 半导体的接触质量有关。

4.2.2　Ni/n – Ge 的比接触电阻测量及分析

本试验选取的 n – Ge 材料为第 3 章编号为ⅥA、ⅥE 和ⅥC 的原位掺杂样品,其化学掺杂浓度分别为 1.21×10^{18} cm^{-3}、2.25×10^{18} cm^{-3} 和 6.61×10^{18} cm^{-3}。首先,清洗 n – Ge 材料,方法如上节所述。先用 PECVD 法沉积一层 900 nm SiO$_2$ 作为钝化层,用 5214E 胶作为正胶,通过涂胶、曝光、显影等工序,将光刻版图形转移到镀了 SiO$_2$ 的 n – Ge 材料上。光刻版共七个接触块,每个接触块的面积为 120 μm $\times$ 60 μm,间距为 5 μm、10 μm、15 μm、20 μm、25 μm、30 μm。再通过 BOE 溶液腐蚀 SiO$_2$,最后通过磁控溅射 60 nm 金属 Ni 作为接触电极。样品命名为 A#、E#和 C#。接着对三种样品在 N$_2$ 氛围下进行快速热退火,退火温度分别为 200 ℃、300 ℃、400 ℃和 500 ℃,时间均为 1 min。随后进行 I – V 特性测试。

室温下,分别对退火前和400 ℃退火后 n – Ge LTLM 模型样品中相邻间距电极的 I – V 特性进行测量,结果如图 4 – 5 所示。退火前,金属淀积形成肖特基结,可以看作背靠背串联的两个金属 – 半导体(MS)二极管,其 I – V 特性呈"S"形,如图 4 – 5(a) ~ (c)所示。退火前三种金属 – 半导体接触均呈 Schottky 接触,具有整流特性,其电阻值随图形间距的增加而变大。从图4 – 5(d) ~ (f)可以看出经高温退火后,样品 A#和样品 E#的 I – V 还表现出较明显的整流接触特性,说明现有条件下制备的样品 A#和样品 E#不能形成良好的欧姆接触特性,以后可以通过调节退火温度或者退火时间使其欧姆接触特性达到最好。而样品 C#的 I – V 曲线都是经过原点较为对称的直线,说明金属 – 半导体接触已形成了良好的欧姆接触。

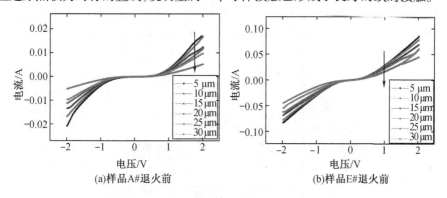

图 4 – 5　样品退火前后的 I – V 特性

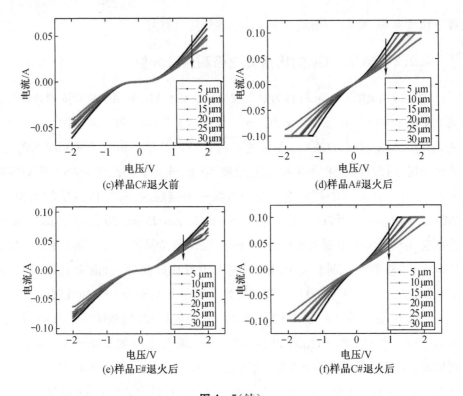

(c)样品C#退火前　　　　　　(d)样品A#退火后

(e)样品E#退火后　　　　　　(f)样品C#退火后

图 4 −5(续)

从欧姆接触的 $I-V$ 特性曲线中可以求得样品 C# LTLM 模型中不同图形间隔的总电阻。图 4 −6 即为测量得到的电极间总电阻与电极间距的关系曲线,直线代表试验数据线性拟合的结果。由此拟合直线在 X 轴和 Y 轴上的截距,将 $Z = 130~\mu m$ 代入公式,即可计算出样品 C#欧姆接触的比接触电阻为 $\rho_c = 4.31 \times 10^{-4}~\Omega \cdot cm^2$。

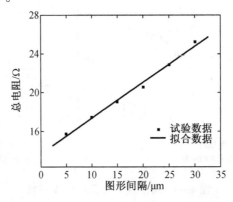

图 4 −6 样品 C# LTLM 图形中总电阻与图形间距的关系

4.3　本章小结

本章选取三个掺杂浓度不同的 Si 基 n – Ge 材料,通过溅射 Ni 形成金属 – 半导体接触。主要研究了 Ni 与 Si 基 n – Ge 材料接触的热稳定性和电学特性。

在 Si 基 n – Ge 材料上溅射 60 nm 的 Ni,通过快速热退火测试其热稳定性。结果表明,低阻 NiGe 在 300 ℃ 开始生成,到 700 ℃ 表面 NiGe 才开始发生团聚现象。SEM 和 XRD 测试很好地分析了方块电阻随退火温度的变化情况。并通过 LTLM 对其欧姆接触的比接触电阻率进行测量,其中 Ni 与掺杂浓度为 6.61×10^{18} cm^{-3} 的 n – Ge 欧姆接触获得了较低的比接触电阻率。

参 考 文 献

[1]　ZHANG S L. Nickel-based contact metallization for SiGe MOSFETs: progress and challenges[J]. Microelectronic Engineering,2003, 70(1/2): 174-185.

[2]　CLAEYS C, MITARD J, ENEMAN G, et al. Si versus Ge for future microelectronics [J]. Thin Solid Films,2010, 518(9): 2301-2306.

[3]　KITTL J A, OPSOMER K, TORREGIANI C, et al. Silicides and germanides for nano-CMOS applied ications[J]. Materials Science Engineering B, 2008 (154/155): 144-154.

[4]　CLAEYS C, SIMOEN E, OPSOMER K, et al. Defect engineering aspects of advanced Ge process modules [J]. Materials Science Engineering B, 2008 (154/155): 49-55.

[5]　MITARD J, DE JAEGER B, LEYS F E, et al. Record ION/IOFF performance for 65 nm Ge pMOSFET and novel Si passivation scheme for improved EOT scalability [J]. IEDM Tech Dig, 2008(22): 873.

[6]　THATHACHARY A V, BHAT K N, BHAT N, et al. Fermi level depinning at the germanium Schottky interface through sulfur passivation[J]. Applied Physics Letters, 2010, 96(15): 152108.

［7］ GAUDET S, DETAVERNIER C, KELLOCK A J. et al. Thin film reaction of transition metals with germanium［J］. Journal Vacuum Science Technology A, 2006, 24(3): 474-485.

［8］ ZHANG Q, WU N, OSIPOWICZ T, et al. Formation and thermal stability of nickel germanide on germanium substrate ［J］. Japan Journal Applied Physics, 2005, 44(45): L1389-L1391.

［9］ CHOI C J, CHANG S Y, LEE S J, et al. Thickness effect of a Ge interlayer on the formation of Nickel Silicides ［J］. Journal Electrochemical Society, 2007(154): H759-H763.

［10］ SPANN J, ANDERSON R, THORNTON T, et al. Characterization of Nickel germanide thin films for use as contacts to p-channel Germanium MOSFETs ［J］. IEEE Electron Device Letters, 2005, 26(3): 151-153.

［11］ ZHU S Y, NAKAJIMA A, YOKOYAMA Y C, et al. Temperature dependence of Ni-Germanide formed by Ni-Ge solid-state reaction［C］. Ext Abs the 5th International workshop on junction technology, 2005:85-88.

［12］ 施敏. 半导体器件物理与工艺［M］. 2 版. 苏州: 苏州大学出版社, 2002.

［13］ KUPHAL E. Low resistance Ohmic contacts to n-and p-InP ［J］. Solid-State Electron, 1981(24): 69-78.

［14］ REEVES G K, HARRISON H B. Obtaining the specific contact resistance from transmission line model measurement ［J］. IEEE Electron Devices Letters, 1982, 13(20): 111-116.

［15］ BERGER H H. Models for contacts to planar devices ［J］. Solid State Electronics, 1972, 15(2): 145-148.

第 5 章 Si 基 Ge PN 结和 PIN 结构

本章中,我们将综合优化前面所讨论的本征 Ge 和原位掺杂 Ge 的生长条件,在 Si 衬底上获得 Ge 的 PN 结和 PIN 结构材料;通过器件工艺制备出 PN 结和 PIN 结构,测试并分析讨论 PN 结的 $I - V$ 和 $C - V$ 特性及 PIN 结构的电致发光(EL)谱。

5.1 Si 基原位掺杂 Ge PN 结的制作

采用第 3,4 章介绍的低温 Ge 缓冲层技术生长的 Si 基 Ge PN 结的材料,生长设备为 UHV/CVD,生长源气体为高纯 Si_2H_6 和 GeH_4,p 型和 n 型掺杂源为 B_2H_6 和 PH_3(均由 H_2 稀释至 0.5%)。生长条件如下:Ge 缓冲层生长温度为 310 ℃,厚度为 90 nm;高温 Ge 层生长温度为 600 ℃,本征 Ge 层厚度为 430 nm,p 型 Ge 层厚度为 400 nm,掺杂浓度约为 10^{19} cm^{-3};考虑到 P 在 Ge 中的扩散,插入一层 90 nm 本征 Ge 作为 P 的扩散层;再把生长温度降低到 500 ℃生长 600 nm 的 n 型 Ge 层,最后在 500 ℃ 生长 2 nm - Si 钝化层,标记为样品 D1;为了比较,在同样的生长条件下,生长完 p 型 Ge 层,直接生长 n 型 Ge 层,没有插入本征层的样品标记为 D2。样品生长结构如图 5 - 1 所示。

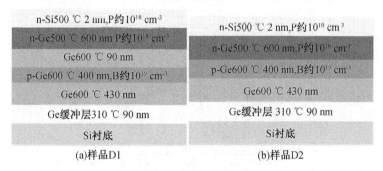

图 5 - 1 Si 基 Ge PN 结材料结构示意图

图 5 - 2 为 Si 基 Ge PN 结材料(004)面 XRD 摇摆曲线,扫描模式为 $\Omega - 2\theta$。

在图 5-2 中观察到尖锐的 Si 衬底和 Ge 外延层的衍射峰。Ge 外延层衍射峰的峰形对称,样品 D1、D2 峰值半高宽分别为 240 arc sec 和 243 arc sec;从峰位来看 Ge 层含有少量张应变,样品 D1、D2 张应变的大小为 0.11% 和 0.12%。采用 AFM 观察 Ge 外延层的表面形貌,表面平整,RMS 都约为 4 nm(扫描面积 10 μm × 10 μm),表面无 Cross-hatch 形貌。

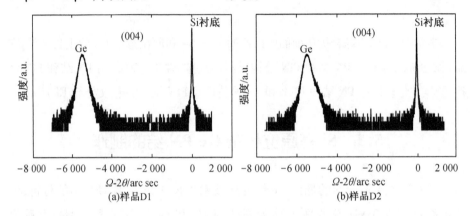

图 5-2 Si 基 Ge PN 结材料的 XRD 摇摆曲线

SIMS 测试结果(图 5-3)表明,样品 D1 中 P 和 B 掺杂浓度分别为 2.5×10^{18} cm^{-3} 和 1.4×10^{19} cm^{-3},且界面较陡峭。XRD、AFM 和 SIMS 等测试结果表明,Ge 外延层的晶体质量满足高性能 PN 结制作要求。而样品 D2 中 P 和 B 掺杂浓度分别为 4.0×10^{18} cm^{-3} 和 6.9×10^{18} cm^{-3},且 n 型 Ge 中的 P 原子明显地扩散到 p 型 Ge 中去,从界面处大约深入了 80 nm。为了比较起见,我们也把样品 D2 经标准工艺制成了器件。

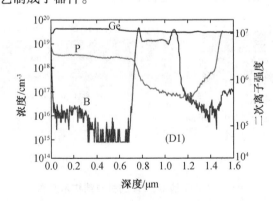

图 5-3 SIMS 测试 B、P 的浓度分布图

在厦门大学微纳米研究院工艺线上进行 PN 结的制备。样品 D1 的 PN 结的器件结构如图 5−4 所示,为标准的台面结构,PN 结的 N 区和 P 区为外延 Ge 层。采用标准光刻和腐蚀工艺制备了 Si 基 Ge PN 结,工艺包括淀积、光刻和腐蚀等。PN 结的制作工艺流程如图 5−5 所示。首先,通过光刻和 ICP−2B 刻蚀机刻蚀 Ge 形成 PN 结的有源区台面。刻蚀 Ge 的条件为 $RF_1 = 0$ W, $RF_2 = 100$ W, $SF_6 = 30$ sccm;刻蚀时间为 4 min 50 s;刻蚀深度约为 0.95 μm。器件台面形状为圆形,直径从 24 μm 到 300 μm。随后采用 PECVD 淀积 350 nm−SiO_2 作钝化层和抗反射膜,湿法 BOE 溶液腐蚀 SiO_2 形成接触电极孔。最后采用磁控溅射 400 nm−Al,湿法腐蚀 Al 形成金属电极。样品 D2 的 PN 结的制作过程与上述相似,只是在刻蚀 Ge 形成 PN 结的有源区台面时,刻蚀时间缩短为 4 min 30 s,刻蚀深度约为 0.93 μm。

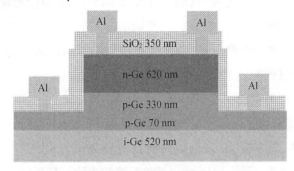

图 5−4　PN 结结构示意图

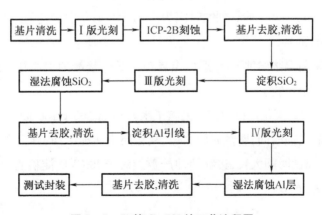

图 5−5　Si 基 Ge PN 结工艺流程图

PN 结的制备过程需要进行三次光刻,设计了三块光刻版:光刻版 I,形成有源区台面;光刻版Ⅲ,形成金属电极;光刻版Ⅳ,形成电极引线。其中第Ⅰ和第Ⅳ版图形区域不透光,第Ⅲ版图形区域透光。光刻版的设计和对准如图5-6所示。

| (a)光刻板Ⅰ,台面 | (b)光刻板Ⅲ,金属电极 | (c)光刻板Ⅳ,电极引线 |

图5-6　PN结制作过程中的光刻版及其对准

PN结制备的关键工艺有Ge层的清洗和刻蚀,以及SiO_2的腐蚀等。

1. Ge层表面清洗

Ge层表面清洗是关键,其洁净程度直接影响着器件的性能。本试验对外延Ge表面清洗过程与第4章的4.1节相同,不再重复。

2. 外延Ge层的刻蚀

本试验采用干法等离子体刻蚀机刻蚀外延Ge层以形成器件有源区台面。设备为ICP-2B刻蚀机(北京创威纳科技有限公司)。由于选用刻蚀气体为CF_4和O_2时,刻蚀时间长达9 min,不利于胶的去除。所以本试验选用SF_6为刻蚀气体,Z5214-E光刻胶作掩模保护。刻蚀Ge的条件为$RF_1 = 0$ W,$RF_2 = 100$ W,$SF_6 = 30$ sccm;刻蚀时间为4 min 50 s;刻蚀深度约为0.95 μm。

3. SiO_2的腐蚀

本试验采用湿法腐蚀SiO_2形成金属与半导体接触的引线孔。腐蚀溶液为BOE缓冲液,其配方为

HF:氟化铵(NH_4F):去离子水 = 20 mL:60 g:100 mL

注意控制腐蚀时间,腐蚀时间太短,氧化层未腐蚀干净,导致金属和半导体的接触不良;腐蚀时间太长,边缘钻蚀严重。对于PECVD淀积的300 nm SiO_2,腐蚀时间约为16 s。

5.2　Si 基 Ge PN 结的 $I-V$ 特性和 $C-V$ 特性

图 5-7 为 Ge PN 结无光照时的 $I-V$ 测试结果。从图 5-7 中可以看出,样品 D1 的 PN 结的 $I-V$ 曲线表现出良好的整流特性,在 -1 V 偏压下器件的漏电流密度为 59 mA/cm^2, +1 V 偏压下器件的正向电流密度为 1.09 A/cm^2,整流比为 1.84×10^2;反向偏压下漏电流不饱和,随着反向偏压的增加略有增加[1-2]。而样品 D2 的 PN 结的 $I-V$ 曲线类似于欧姆接触特性,在 -1 V 偏压下器件的漏电流密度为 0.14 A/cm^2, +1 V 偏压下器件的正向电流密度为 1.23 A/cm^2,整流比只有 8 倍。这说明样品 D2 的 PN 结中由于 P 的扩散,无法形成良好的势垒区,变成类似欧姆接触的结构。

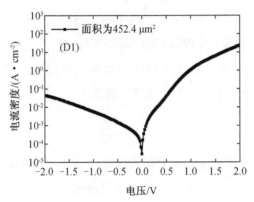

图 5-7　Si 基 Ge PN 结无光照时的伏安特性

与 Si 材料 PN 结相比,Ge 材料 PN 结的漏电流密度要高得多。从漏电流的来源分析了 Ge PN 结的漏电流特性[3]。反向偏压下 PN 结漏电流的主要来源有[4]:中性区的扩散电流、耗尽区的产生电流和器件表面的漏电流。

首先讨论扩散电流。扩散电流起源于中性区少数载流子向耗尽区的扩散,扩散电流密度可以表示为[4]

$$J_s = \frac{qD_n n_{p0}}{L_n} + \frac{qD_n p_{n0}}{L_p} = qn_i^2 \left(\sqrt{\frac{D_n}{\tau_n}} \frac{1}{N_A} + \sqrt{\frac{D_p}{\tau_p}} \frac{1}{N_D} \right) \tag{5-1}$$

其中,D_n 和 D_p 分别是 N 区和 P 区少子扩散系数;τ_n 和 τ_p 分别为 N 区和 P 区少子寿命;L_n 和 L_p 分别为 N 区和 P 区少子扩散长度;N_A 和 N_D 分别是 P 区和 N 区的掺杂浓度;q 为电子电量;n_i 是本征载流子浓度。中性区的扩散电流与本征载流子浓度的平方成正比。采用如下参数对扩散电流进行计算:对体 Ge 材料 PN 结,假定 P 区和 N 区的掺杂浓度 $N_A = N_D = 10^{17}$ cm^3,电子和空穴迁移率分别为 $\mu_n = 2\,800$ cm$^2 \cdot$ V$^{-1} \cdot$ s^{-1} 和 $\mu_h = 800$ cm$^2 \cdot$ V$^{-1} \cdot$ s$^{-1[5]}$;少子扩散系数分别为 $D_n = 70$ cm$^2 \cdot$ s^{-1}, $D_p = 20$ cm$^2 \cdot$ s$^{-1[6]}$;少子寿命 $\tau_n = \tau_p = 10^{-6}$ s$^{[5]}$;电子电量 $q = 1.6 \times 10^{-19}$ C。室温下 Ge 材料本征载流子浓度 $n_i = 1.64 \times 10^{13}$ cm^{-3},则少子浓度 $n_{p0} = p_{n0} = 2.7 \times 10^9$ cm^3,少子扩散长度 $L_n = 26 \times 10^{-4}$ cm, $L_p = 14 \times 10^{-4}$ cm。计算得 Ge 材料 PN 结的扩散电流密度为 $J_s = 5.8 \times 10^{-3}$ mA/cm^2。相同掺杂浓度下 Si 材料 PN 结的扩散电流密度为 $J_s = 6.7 \times 10^{-10}$ mA/cm^2。由于 Ge 的带隙比较小,本征载流子浓度比 Si 高三个数量级,Ge 材料 PN 结的扩散电流是 Si 材料的 7×10^6 倍。

其次讨论产生电流。PN 结处于热平衡时,耗尽区内通过复合中心的载流子的产生率等于复合率;当 PN 结加反向偏压时,势垒区内的电场加强,通过复合中心产生的电子 – 空穴对来不及复合就被强电场驱走了,产生率大于复合率,形成耗尽区的产生电流。产生电流密度为$^{[4]}$

$$J_{ge} = \frac{q n_i W}{2\tau_{eff}} \tag{5-2}$$

其中,W 为耗尽区宽度;τ_{eff} 为少子有效寿命;q 为电子电量;n_i 为本征载流子浓度。对于体 Ge 材料 PN 结,假定 P 区和 N 区的掺杂浓度 $N_A = N_D = 1 \times 10^{17}$ cm^3,少子有效寿命 $\tau_{eff} = \tau_n = \tau_p = 1 \times 10^{-6}$ s,外加偏压 $V_a = 4.5$ V,室温下本征载流子浓度 $n_i = 1.64 \times 10^{13}$ cm^{-3},计算得内建电场 $V_{bi} = 0.45$ V,耗尽区宽度 $W = 0.43$ μm,产生电流密度为 $J_{ge} = 9.4 \times 10^{-3}$ mA/cm^2。同等掺杂条件下 Si 材料 PN 结的产生电流密度为 $J_{ge} = 5.2 \times 10^{-6}$ mA/cm^2,是 Ge 材料产生电流的千分之一。Ge 材料 PN 结的扩散电流和产生电流都比 Si 材料的大得多,Ge 材料 PN 结的漏电流比 Si 材料的高就不足为奇了。对于体 Si 材料 PN 结,产生电流密度远大于扩散电流密度(约 10^4 倍),以产生电流为主;对于体 Ge 材料 PN 结,产生电流密度与扩散电流密度相当,甚至更小。

Si 基外延 Ge 材料中存在大量杂质和缺陷,提供载流子的产生 – 复合中心,载流子的有效寿命变短,外延 Ge 层的少子有效寿命比体 Ge 的低 3 ~ 4 个数量级,仅为纳秒量级$^{[6-7]}$。可以判断,我们的 PN 结体漏电流的主要来源为耗尽区的产生电流。理论计算当 $\tau = 1 \times 10^{-9}$ s 时，产生电流密度为 0.13 A/cm^2。试验测得体漏电流密度为 10 mA/cm^2。理论计算值比试验值高得多，可能原因是计算产生电流密度时采取的参数不确定引起的，理论计算值预言了体漏电流的上限。

最后讨论表面漏电流。表面漏电流是由晶体的周期性被破坏以及晶格缺陷和吸附原子等原因引起的表面态，在表面处形成表面沟道或表面耗尽区造成的，可表示为[4]

$$J_{surf} = \frac{qn_iS_0}{2} \tag{5-3}$$

其中，$S_0 = \sigma_n v_{th}N_{st}$，为表面复合速度，这里的 σ_n 为电子表面俘获截面，v_{th} 为载流子运动速度，N_{st} 为表面区域内单位面积的复合中心浓度。影响表面漏电流的因素很多，如表面悬挂键、表面吸附的各种带电粒子、半导体表面氧化层中的可动离子、固定电荷和陷阱电荷等，准确计算表面漏电流的大小比较困难。

对于我们的器件，可以从改善器件制作工艺方面来降低表面漏电流。一是 Ge 表面清洗工艺。研究表明传统的 Si 片标准清洗溶液如 SC-1 和 SC-2 对 Ge 层有着极快的腐蚀，还需要研究 Ge 层的清洗工艺以获得清洁的 Ge 表面，降低金属离子污染。二是 Ge 层表面钝化工艺。人们对 Ge 表面钝化已进行了广泛的研究，如采用非晶 Si[6] 等。如果能够降低表面漏电流，Ge PN 结的漏电流有望进一步降低。

PN 结电容等于势垒电容和扩散电容之和。正向偏压时，由于正向电流较大，扩散电容大于势垒电容。反偏时，流过 PN 结的是很小的反向饱和电流，扩散电流也就很小，这时势垒电容起主要作用。这里先介绍不同类型 PN 结在反偏时的 $C-V$ 关系[8]。

对于突变结，根据 PN 结电容理论，若假设耗尽层成立，存在下列关系：

$$C = A\sqrt{\frac{e\varepsilon_0\varepsilon_s N^*}{2(V_D - V)}} \tag{5-4}$$

其中，$N^* = \dfrac{N_A N_D}{N_A + N_D}$，为约化浓度，$N_A$ 和 N_D 分别为结中 P 侧和 N 侧的掺杂浓度；A 为结区面积。由式(5-4)可得

$$\frac{1}{C^2} = \frac{2(V_D - V)}{eA^2\varepsilon_0\varepsilon_s N^*} \tag{5-5}$$

即对突变结来说，$\dfrac{1}{C^2}$ 与 V 呈线性关系。

对于线性缓变结,势垒电容为

$$C = A\left(\frac{e\varepsilon_0^2\varepsilon_s^2 G}{12(V_D - V)}\right)^{\frac{1}{3}} \tag{5-6}$$

其中,G 为杂质浓度梯度。由式(5-6)可得

$$\frac{1}{C^3} = \frac{12(V_D - V)}{eA^2(\varepsilon_0\varepsilon_s)^2 G} \tag{5-7}$$

即对线性缓变结来说,$\frac{1}{C^3}$ 与 V 呈线性关系。

我们在 $-2 \sim 0$ V 之间测试了与 $I-V$ 特性同一 PN 结的 $C-V$ 曲线,结果如图 5-8 所示。可以看到 $\frac{1}{C^2}$ 与 V 之间不是线性关系,$\frac{1}{C^3}$ 与 V 也不呈线性关系。对比以上理论,可知该 PN 结既非突变结又非线性缓变结,与 SIMS 测试材料结构的掺杂结果一致。

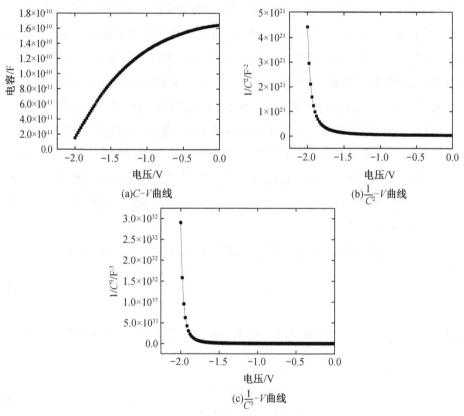

图 5-8　PN 结的 $C-V$、$\frac{1}{C^2}-V$ 和 $\frac{1}{C^3}-V$ 曲线

5.3　SOI 基 Ge PIN 结构的研制与 EL 谱

PIN 结构的材料生长过程与 PN 结材料的生长过程相似。本研究采用低温 Ge 缓冲层技术生长了 SOI 基 Ge PIN 结构的材料。生长设备为 UHV/CVD,生长源气体为高纯 Si_2H_6 和 GeH_4,p 型掺杂源为 BH_3(H_2 稀释至 0.5%),样品生长结构如图 5-9 所示。生长条件:Ge 缓冲层生长温度为 310 ℃,厚度为 90 nm;高温 Ge 层生长温度为 600 ℃,本征 Ge 层厚度为 800 nm,p 型 Ge 层厚度为 200 nm,掺杂浓度约为 10^{18} cm^{-3},最后是 600 ℃ 生长 2 nm - Si 钝化层。

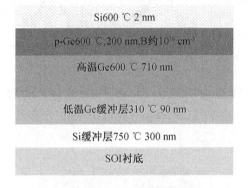

图 5 - 9　SOI 基 Ge PIN 结构材料结构示意图

图 5 - 10 为 SOI 基 Gc PIN 结构材料(004)面 XRD 摇摆曲线,扫描模式为 $\Omega - 2\theta$。在图 5 - 10 中可观察到尖锐的 Si 衬底和 Ge 外延层的衍射峰。Ge 外延层衍射峰的峰形对称,峰值半高宽为 112 arc sec;从峰位来看,Ge 层所受张应变的大小为 0.16%。AFM 观察 Ge 外延层表面平整,RMS 为 2.8 nm(扫描面积 10 μm × 10 μm)。Ge 外延层位错密度约为 4×10^7 cm^{-2}。

SOI 基 Ge PIN 结构的制备工艺和 Si 基的完全一致。PIN 结构的器件结构为标准台面结构,如图 5 - 11 所示。PIN 结构的 P 区和本征区为外延 Ge 层,N 区为外延 Ge 层加 P 注入生长。工艺包括淀积、光刻、注入和腐蚀等。简单地描述为:首先通过光刻和 ICP - 2B 刻蚀机刻蚀约 750 nm 作为上台面。用 CF_4 气体刻蚀出下台面后,再用 PECVD 方法沉积约370 nm 的 SiO_2 作为钝化层。然后利用标准的光刻和氧化物腐蚀工艺打开上、下台面的接触窗口。对上、下台面分别进行了 B 离子(注入能量为 40 keV,剂量为 4×10^{15} cm^{-2})和 P 离子(注入能量为 33 keV,剂量为 $2 \times 10^{15}\,\mathrm{cm}^{-2}$)的注入以获得较好的金属与 p 型和 n 型 Ge 的欧姆接触。离子注入后在 650 ℃下进行快速退火 15 s 以激活掺杂。利用 磁控溅射机分别溅射 Al(200 nm)和 Al(200 nm)/TaN(15 nm)做 PIN 结构的 n – Ge 接触电极。

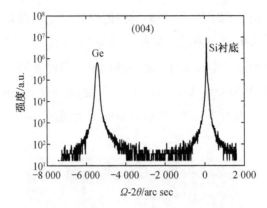

图 5 – 10　SOI 基 Ge PIN 结构材料的 XRD 摇摆曲线

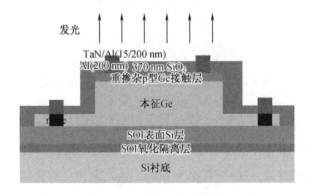

图 5 – 11　PIN 结构示意图

我们用 Keithley 4200 测试了 PIN 结构无光照时的 $I - V$ 特性,结果如图 5 – 12 所示。从图 5 – 12 中可以看出,曲线表现出良好的整流特性,且反向偏压 下漏电流不饱和,随着反向偏压的增加略有增加。而且退火后样品漏电流变小 了,这主要是由于退火对材料结晶质量的改善[9 - 11]。

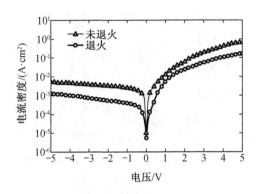

图 5 - 12　退火前后 SOI 基 Ge PIN 结构的伏安特性

　　样品的 EL 谱如图 5 - 13 所示。从图 5 - 13 中可以看出,退火增强了发光强度;在注入电流 10 mA 时就开始发光,并且加大注入电流,退火前后样品的电致发光强度都增强了;还可以看到随着注入电流的增加,发光峰位均出现红移。电致发光强度随着注入电流增大而增强,可以用关系式 $EI_{dir} \propto n_e(\Gamma) = n_e(total)f(\Gamma)$ 来解释。该式表明,EL 谱的强度正比于直接带 Γ 带中的电子数 $n_e(\Gamma)$,而 Γ 带中的电子数决定于注入的总电子数 $n_e(total)$ 和电子分配到 Γ 带的比例因子 $f(\Gamma)$。而总电子数随着注入电流增大而增加。随着注入电流的增加,非平衡载流子越多,准费米能级偏离热平衡时的费米能级就越远,就越靠近导带,结果使更多的电子散射到直接带中。这两个因素的叠加将使得 EL 谱的强度随着注入电流的加大而增强。这与文献中的结果相一致[12]。

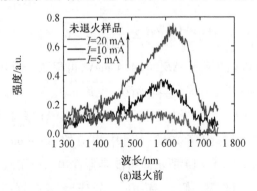

(a)退火前

图 5 - 13　退火前后 SOI 基 Ge PIN 结构的 EL 谱

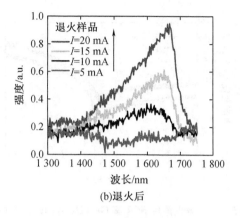

图 5 - 13(续)

以退火后的样品以例,注入电流为 10 mA、15 mA 和 20 mA,发光峰分别位于 1 606 nm、1 644 nm 和 1 660 nm,相对于无应变体 Ge 1 540 nm 的发光峰,峰位分别红移了28.1 meV、43.8 meV 和 54.4 meV。结合第 3 章中对 n 型 Ge PL谱的分析,可知 EL 谱峰位的红移固然与 Ge 中的张应变有关,但 Ge 层中0.16% 的张应变对应的直接带隙减小了 22 meV,不足以说明上述的发光峰红移。参考文献[13]中也报道了 Ge EL 谱峰位的红移现象,从注入电流 600 mA时的 1 575 nm 移动到 1 000 mA 时的 1 600 nm。这一现象也出现在 GeSn 材料的 EL 谱中[14],作者把这一现象归因于大电流注入下的器件发热升温。参考文献[15]和参考文献[16]给出带隙与器件温度的关系式:$\frac{\Delta E_g^\Gamma}{\Delta T} = -6.842 \times 10^{-4} \times$

$\left(1 - \left(\frac{398}{398 + T}\right)^2\right)$ eV/K,对于 $T > 300$ K,$\frac{\Delta E_g^\Gamma}{\Delta T} \approx -0.462$ meV/K。按照公式计算

图 5 - 13 中 $I = 20$ mA 的情形,$\Delta E_g^\Gamma = 54.4$ meV,可得 $\Delta T = 110$ K,加上室温,器件工作温度高达 140 ℃,不符合实际情况;也远超出参考文献[13]中注入电流1 000 mA,输入功率更大,器件大小相当,而发光谱峰位只移到 1 600 nm 的情形。我们认为还要考虑参考文献[17]中报道的 Ge - on - Si 中的 Franz - Keldysh(FK)效应,如图 5 - 14 所示。可能是器件串联电阻较大的缘故,此次测试外加的电压高达 60 V,假设有 10 V 分压降落在器件上,那么将有约100 kV/cm 的电场作用在 Ge 层上,其 FK 效应将比图 5 - 14 中 62.5 kV/cm 的效果更厉害。综上所述,在高电压、低电流情形下 PIN 结构中 EL 谱峰位的红移,是张应变、电流热效应和外加电场下材料 FK 效应共同作用的结果。

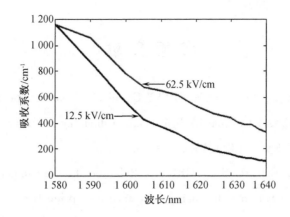

图 5 – 14　Si 衬底上 Ge 二极管的 FK 效应

5.4　本 章 小 结

本章综合运用了本征 Ge 和原位掺杂 Ge 的生长条件,在 Si 基衬底上获得 Ge 的 PN 结材料;优化器件制备工艺,完成 PN 结和 PIN 结构的制作,测试并分析讨论了 PN 结的 $I - V$ 和 $C - V$ 特性及 PIN 结构的 EL 谱。

(1)采用第 3 章介绍的低温 Ge 缓冲层技术在 UHV/CVD 系统生长出 Si 基 Ge PN 结的材料。优化后 PN 结的 N 区和 P 区均为 Ge 外延层,厚度分别为 620 nm 和 400 nm。Si 基 Ge 外延层的 XRD 峰值半高宽仅为 243 arc sec,RMS 小于 4 nm,材料质量完全满足 PN 结制作的要求。

(2)优化了器件制备工艺,制作了 Si 基 Ge PN 结。优化后的 Ge PN 结在 － 1 V 偏压下器件的漏电流密度为 59 mA/cm^2, + 1 V 偏压下器件的正向电流密度为 1.09 A/cm^2,整流比为 1.84×10^2。测试了反偏压下 PN 结的 $C - V$ 曲线,结合 PN 结的理论分析,可知该 PN 结既非突变结又非线性缓变结,与 SIMS 测试材料结构的掺杂结果一致。

(3)优化了材料和器件制备工艺,制作了 SOI 基 Ge PIN 结构。结果发现退火对器件漏电流的减小和电致发光的强度都有改善作用。EL 谱表明10 mA 下器件就开始发光,而且随着注入电流增大发光强度增强,发光峰位发生红移。对两种现象做了半定量解释。

参 考 文 献

[1] CHENG S L, LIU J, SHAMBAT G, et al. Room temperature 1.6 μm electroluminescence from Ge light emitting diode on Si substrate [J]. Optics Express, 2009,17(12):10019-10024.

[2] YU H Y, CHENG S L, GRIFFIN P B, et al. Germanium in situ doped epitaxial growth on Si for high-performance n + /p-junction diode [J]. IEEE Electron Device Letters, 2009, 30(9): 1002-1004.

[3] CHAO Y L, WOO J C S. Germanium diodes: a dilemma between shallow junction formation and reverse leakage current control [J]. IEEE Trans Electron Devices, 2007,54(10): 2750-2755.

[4] 刘恩科, 朱秉升, 罗晋生. 半导体物理学 [M]. 北京: 电子工业出版社, 2006.

[5] MITARD J. Ge electrical properties [C/OL]. [2019 – 01 – 08]. http://www.ioffc.rssi.ru/SVA/NSM/Semicond/Ge/electric.html.

[6] COLACE L, MASINI G, ASSANTO G, et al. Efficient high-speed near-infrared Ge photodetectors integrated on Si substrates [J]. Applied Physics Letters, 2000, 76(10): 1231-1233.

[7] POTTER R F. Germanium (Ge) [M]// PALIK E D. Handbook of optical constants of solids. Orlando : Academic, 1985.

[8] 何波,史衍丽,徐静. $C – V$ 法测量 pn 结杂质浓度分布的基本原理及应用 [J].红外,2006,27(10): 5-10.

[9] GIOVANE L M, LUAN H C, AGARWAL A M, et al. Correlation between leakage current density and threading dislocation density in SiGe p-i-n diodes grown on relaxed gaades buffer layers [J]. Applied Physics Letters, 2001, 78(4): 541.

[10] ISHIKAWA Y, WADA K. Germanium for silicon photonics [J]. Thin Solid Films, 2010, 518(6): S83-S87.

[11] COLACE L, FERRARA P, ASSANTO G, et al. Low dark-current germanium-on-

silicon near-infrared detectors [J]. IEEE Photonics Technology Letters, 2007(19): 1813.

[12] SUN X C, LIU J F, KIMERLING L C, et al. Room-temperature direct bandgap electroluminescence from Ge-on-Si light-emitting diodes [J]. Optics Letters, 2009, 34(8): 1198-1200.

[13] SCHULZE J, OEHME M, WERNER J. Molecular beam epitaxy grown Ge/Si pin layer sequence for photonic devices [J]. Thin Solid Films, 2012, 520(8): 3259-3261.

[14] OEHEME M, WERNER J, GOLLHOFER M, et al. Room-temperature electroluminescence from GeSn light-emitting PIN diodes on Si [J]. IEEE Photonics Technology Letters, 2011(23): 1751-1753.

[15] HU W, CHENG B, XUE C, et al. Electroluminescence from Ge on Si substrate at room temperature [J]. Applied Physics Letters, 2009, 95(12): 092102.

[16] VARSHNI Y P. Temperature dependence of the energy gap in semiconductors [J]. Physicsica, 1967, 34(5): 149-154.

[17] HU W X, CHENG B W, XUE C L, et al. Ge-on-Si for Si-based integrated material and photonic devices [J]. Frontiers Optoelectronics, 2012, 5(1): 41-50.

第6章　总结与展望

本书开展了 Si 基 Ge 材料与 Ge 材料 B 和 P 原位掺杂的生长,以及 Si 基 Ge PN 结的研制工作,主要成果如下:

(1)采用低温相干 Ge 岛缓冲层技术外延生长 Ge 材料,可以获得较低位错密度;在此基础上结合 SiGe/Ge 超晶格插层压制位错密度的方法,可以进一步减小位错密度。结合这两种方法制备出厚度为 880 nm 的 Ge 外延层的位错密度约为 1.49×10^6 cm^{-2},AFM 测得 10 μm×10 μm 范围内 RMS 低至 0.72 nm。

(2)在 630 ℃ 的生长温度下,以 B_2H_6 和 PH_3 为源气体,对 Si 基 Ge 材料进行 p 型和 n 型的原位掺杂,研究源气体流量对 Ge 的生长速率、表面形貌及掺杂浓度的影响。试验结果表明,掺杂 Ge 的生长速率低于未掺杂 Ge 的生长速率;掺杂后 Ge 的表面形貌略粗糙;B 和 P 的掺杂浓度随 B_2H_6 和 PH_3 源气体流量的增大而增加。

(3)把生长温度降低到 500 ℃,把 Si 基 Ge 材料的 n 型原位掺杂浓度提高到 6.67×10^{18} cm^{-3},与理论模型认为的降低生长温度可以提高掺杂浓度的预期相符合。分析了应变、掺杂浓度和位错密度对原位 P 掺杂 Si 基 Ge 材料 PL 谱的影响,结果表明在 Ge 的原位掺杂中存在提高掺杂浓度和保持较好晶体质量的矛盾。通过 PL 谱和 XRD 谱的表征,研究了 700 ℃ 下不同时间退火对原位 P 掺杂 Si 基 Ge 材料性质的影响,结果表明退火能改善材料晶体质量,同时 P 的扩散却降低了材料的掺杂浓度。

(4)在 Si 基 n−Ge 材料上溅射 60 nm 的 Ni,通过快速热退火测试其热稳定性。结果表明,低阻 NiGe 在 300 ℃ 开始生成,到 700 ℃ 表面 NiGe 才开始发生团聚现象。SEM 和 XRD 测试很好地分析了方块电阻随退火温度的变化机理,并通过 LTLM 对其欧姆接触的比接触电阻率进行测量,其中 Ni 与掺杂浓度为 6.61×10^{18} cm^{-3} 的 n−Ge 的欧姆接触获得了最低的比接触电阻率。

(5)优化材料和器件制备工艺,制作了 Si 基 Ge PN 结和 SOI 基 Ge PIN 结构。优化后的 Ge PN 结在 -1 V 偏压下器件的漏电流密度为 59 mA/cm^2，$+1$ V 偏压下器件的正向电流密度为 1.09 A/cm^2，整流比为 1.84×10^2。发现退火对 Ge PIN 结构的漏电流的减小和电致发光的强度都有改善作用。EL 谱表明 10 mA 下 PIN 结构就开始发光，而且随着注入电流增大发光强度增强，发光峰位发生红移。

　　我们在 Si 基 Ge 材料与 Ge 材料 B 和 P 原位掺杂的生长，以及 Si 基 Ge PN 结的研制工作上取得一定研究成果，但是还有一些工作需要进一步深入研究：①继续深入研究如选区外延和插入 SiO_2 薄层等方法，进一步减小 Si 基 Ge 外延层的位错密度；②利用 P 在 Ge 中快速扩散的特点，采用诸如逐层 δ 掺杂的方法，尽量避免提高掺杂浓度和保持较好晶体质量的矛盾，在高晶体质量条件下实现 Si 基 Ge 材料中的高浓度掺杂；③探索有效钝化的方法，使金属与 Si 基 $n-Ge$ 材料的欧姆接触获得更低的比接触电阻率；④优化设计并制作高性能的 Si 基 Ge PN 结，提高整流比和实现电致发光。